Hrsg. Innungsverband des Bayerischen Zimmererhandwerks

Kurt Fortner, Wolfgang Mattes, Uwe Meyer, Anton Weidner, Manfred Zeller

Dähmlow Prüfungsvorbereitung

Zimmerer/Zimmerin

3. Auflage

Bestellnummer 00798N

Bildungsverlag EINS
westermann

service@bv-1.de
www.bildungsverlag1.de

Bildungsverlag EINS GmbH
Ettore-Bugatti-Straße 6–14, 51149 Köln

ISBN 978-3-427-**00798**-2

westermann GRUPPE

Vorwort

Die Entwicklungen in Technik, Wirtschaft und Gesellschaft führen auch im Zimmererhandwerk zu neuen Anforderungsprofilen und Prüfungsqualifikationen. Man erwartet von einem qualifizierten Facharbeiter berufliche Mündigkeit, die sich in einer umfassenden beruflichen Handlungskompetenz manifestieren soll. Zum Erreichen dieses Zieles trägt eine ganzheitliche Berufsausbildung bei, die das selbstorganisierte, selbstbestimmte, eigenverantwortliche Lernen und Arbeiten unterstützt und die Entwicklung der Fach-, Methoden-, Lern-, Sprach-, Sozial- und Humankompetenz fördert. Der erfolgreiche Erwerb dieser Qualifikationen und das Vorhandensein der notwendigen Kompetenzen müssen in den Prüfungen nachgewiesen werden.

Dieses Buch soll den vor der Prüfung stehenden Auszubildenden helfen, sich auf diese handlungsorientierte Prüfung des Zimmererhandwerk selbstständig vorzubereiten. Mit dem Durcharbeiten der einzelnen Aufgaben kann jeder Einzelne das prüfungsrelevante Fachwissen wiederholen und die in den Prüfungen geforderten notwendigen Kompetenzen der beruflichen Handlungskompetenz weiter entwickeln und festigen.

Der Prüfungsbuchbenutzer muss bei der Bearbeitung der praxisrelevanten, komplexen Themenbereiche bzw. Projekte anhand offener Fragen die vorgegebenen Problemstellungen selbstständig analysieren, muss Zusammenhänge erkennen, muss Auswählen und Begründen, muss Erklären und Erläutern, muss Richtiges zuordnen, muss Alternativen aufzeigen, ... und kann so eigenständig die „praxisbezogenen Fälle" planen, bearbeiten, fach- und sachgerecht lösen und sein Ergebnis einordnen und kontrollieren und dabei seine berufliche Handlungskompetenz zeigen.

Die vorliegende Prüfungsvorbereitung besteht aus zwei Teilen. Der erste Teil enthält die Fragen und Aufgaben, der Teil 2 die Lösungen bzw. Lösungsvorschläge. Eine schnelle Selbstkontrolle und Korrektur wird dadurch ermöglicht. Auch können anhand der Übungsaufgaben weitergehende Aufgaben gelöst und somit individuell das Prüfungswissen und die erworbenen Kompetenzen wiederholt, geübt und vertieft werden.

Die Nutzer dieses Buches erhalten über die Online-Ergänzung BuchPlusWeb des Verlages eine originale „Zimmerer-Gesellenprüfung" des Bayerischen Zimmererhandwerks mit Lösungen.

Das Autorenteam will durch dieses Buch einen sachlichen Beitrag zur Transparenz der Prüfung im Zimmererhandwerk leisten. Aber vor allem soll den Auszubildenden ein umfassendes Prüfungsbuch an die Hand gegeben werden, mit dem sie/er sich bei Gebrauch bestmöglichst auf die Prüfung vorbereiten kann.

Nun liegt es beim Benutzer und seiner individuellen Lernkompetenz dieses Arbeitsbuch für seine Prüfungsvorbereitung effektiv zu nutzen.

Wir wünschen allen Auszubildenden im Zimmererhandwerk, dass sie diese Lernkompetenz entwickeln und dann nach gründlicher Vorbereitung die anstehende Zwischen- und Gesellenprüfung erfolgreich bestehen.

Fortner, Kurt	FL München
Mattes, Wolfgang	StD, Dipl.-Ing., Schulpsychologe Nürnberg
Meyer, Uwe	OStR, Dipl.-Ing. Traunstein
Weidner, Anton	FL Waldmünchen
Zeller, Manfred	StD, Dipl.-Ing. München

Bildquellenverzeichnis

Den nachfolgend aufgeführten Personen, Firmen und Verbänden danken wir für die Bereitstellung und Freigabe von Bildmaterial.

Arbeitsgemeinschaft Ziegeldach, Bonn
Braas, Lafarge Dachsysteme GmbH, Oberursel
Fotolia, USA, New York: S. 26, 35, 48 o., 56, 59, 81 u., 99, 102, 109, 131, 159, 165, 167, 168, 170, 175, 177, 178, 179, 181, 183, 186, 189, 191, 192, 193, 195
Gebr. Laumans GmbH & Co. KG Ziegelwerke, Brüggen-Bracht: S. 105 u. l., u. m., u. r.
Ingenieurbüro Peter Rauch, Leipzig: S. 48, 52
Ing. Stefan Heigl (Holzbau & Planung), Österreich, Lunz am See: S. 66, 81, 84, 87
Jungwirth GmbH, Gunzenhausen
Monier Braas GmbH, Oberursel: S. 105 o. l., o. m., o. r., m. l., m. r.
Prof. Gerhard Gicklhorn, FH Rosenheim
Qualitätsverbund DachKomplett, München
Zeichnungen: Michele Di Gaspare

Inhaltsverzeichnis

Hinweis:

Dieses Zeichen 🗋 bedeutet: Zur Lösung benötigen Sie ein zusätzliches Blatt.

1 Wand- und Deckenkonstruktionen

1.1 Projekt: Neubau eines Einfamilienhauses für die Familie Schneider

Die Familie Schneider, Ihre Nachbarn, planen den Bau eines neuen Wohnhauses. Sie haben bereits einen Vorentwurf und sind sich zurzeit noch nicht schlüssig, ob sie ein Holz- oder Massivhaus bauen sollen. Schneiders wissen, dass Sie Zimmerer sind und erwarten von Ihnen einleuchtende Argumente für ein Holzhaus sowie fachlich fundierte Antworten zu allen anstehenden Fragen und Problembereichen der Holzbauweise.

1. Mit welchen überzeugenden Argumenten können Sie den Bau eines Holzhauses empfehlen?

____

____

____

____

____

____

2. Klären Sie Ihre Nachbarn auf, in welchen Fällen es vorteilhaft ist, gemauerte oder betonierte Wände auszuführen.

– ____

– ____

– ____

– ____

– ____

1.1.1 Allgemeine Fragen und Aufgaben zur Wand

In einem ersten Gespräch sollen Sie allgemeine Fragen zur Ausführung von Wänden beantworten.

3. Welche allgemeinen Anforderungen werden an Außenwände gestellt? Nennen Sie mindestens fünf Beispiele.

1. ____________________ 2. ____________________

3. ____________________ 4. ____________________

5. ____________________

4. Welche Lasten können auf Wände einwirken?

– ______________________________

– ______________________________

5. Bei Wänden ist auf eine gute Standfestigkeit Wert zu legen.
Was versteht man darunter?

____

____

6. Nennen Sie Ihrem Nachbarn zwei traditionelle Bauarten von Holzwänden.

1. ______________ 2. ______________

7. Nennen Sie ihm neuzeitliche Wandkonstruktionsarten in Holzbauweise.

– ______________ – ______________

– ______________

8. Im Holzbau werden die Vertikalkräfte über Pfosten (Stützen, Stiele, Ständer) abgeleitet. Erklären Sie Ihrem Nachbarn, wie man Horizontallasten in Wänden abfangen kann.

____

____

____

____

1.1.2 Fachwerkwand

Mit dem Erklären und Beantworten einiger Aufgaben und Fragestellungen zum Fachwerkbau veranschaulichen Sie einerseits Ihren Nachbarn die Lastabtragung einer Wandkonstruktion.
Sie können weiterhin wesentliche Konstruktionsgrundsätze des Holzhausbaus verdeutlichen.

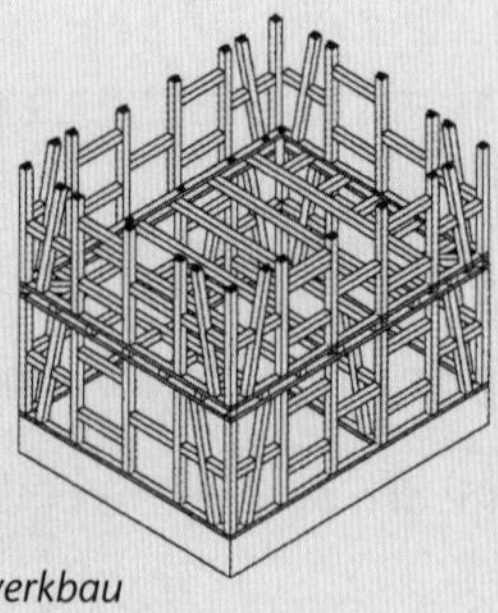

Der Fachwerkbau

1. Bezeichnen Sie die Konstruktionshölzer der dargestellten Fachwerkwand.

① Schwelle
② Rähm/Pfette
③ Sturzriegel
④ Brüstungsriegel
⑤ Fachriegel
⑥ Strebe
⑦ Pfosten

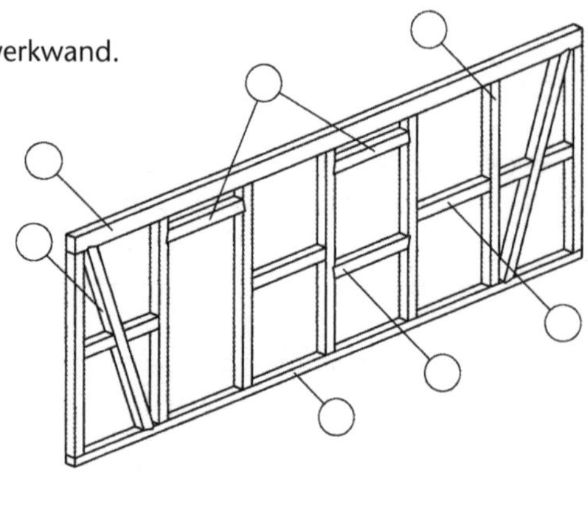

2. Ordnen Sie die einzelnen Hölzer der Fachwerkwand (Aufgabe 1) der unten aufgeführten Einteilung zu und erläutern Sie Ihrem Nachbarn deren Aufgabe.

   a) Hölzer für die Abtragung der Vertikallasten:

   ____

   ____

   ____

   b) Hölzer für die Ableitung der Horizontalkräfte:

   ____

   ____

   ____

   c) Zwischenhölzer:

   ____

   ____

   ____

3. Schwellen sind die gefährdetsten Teile einer Wand. Sie sollen sowohl vor aufsteigender Feuchtigkeit als auch vor ablaufendem Wasser geschützt sein. Skizzieren Sie zwei mögliche Fußpunktausbildungen.

4. Bei einer ausgeführten Fachwerkwand „bemängelt" Herr Schneider die unterschiedliche Anordnung der Versätze am Sturz- und Brüstungsriegel. Erläutern Sie ihm die vermeintliche Ungereimtheit.

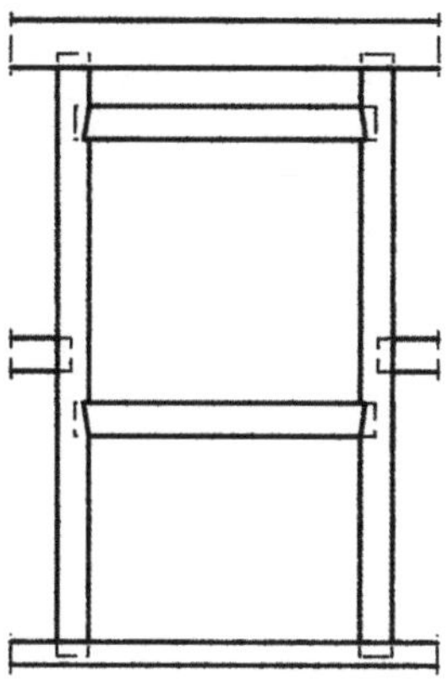

   Sturzriegel:

   ____

   ____

   ____

   ____

   Brüstungsriegel:

   ____

   ____

   ____

5. Welche Länge soll der Zapfen eines Fachwerkholzes haben?

   ____

   ____

6. Welche der vorgegebenen Strebenanordnungen würden Sie empfehlen? Begründen Sie Ihre Entscheidung.

a) 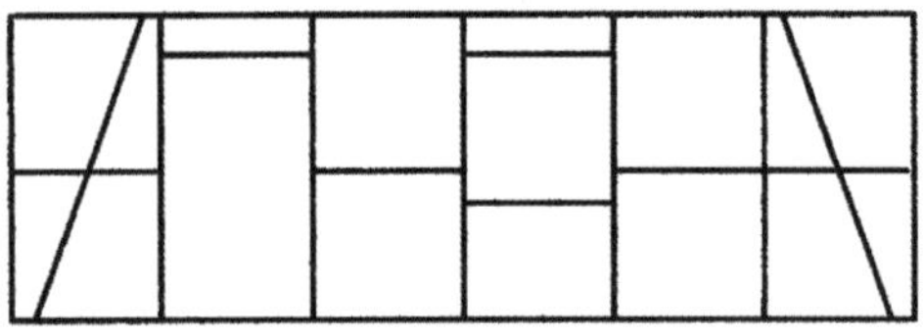

b) 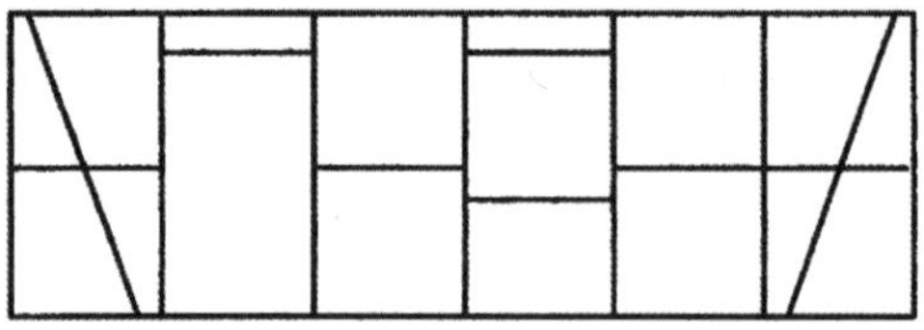

7. Weshalb müssen in der dargestellten Fachwerkwand die Aussteifungshölzer (Streben) gegenläufig angeordnet werden?

8. Erläutern Sie Herrn Schneider den Abbund der in Aufgabe 1 dargestellten Fachwerkwand. Beschreiben Sie den Arbeitsvorgang

a) nach traditioneller Technik mit behauenem Holz:

b) nach heutiger Technik mit geschnittenem Holz:

9. Warum ist die Kennzeichnung der Konstruktionshölzer einer Fachwerkwand wichtig?

10. Benennen Sie die im Fachwerkbau verwendeten Zeichen und erklären Sie Ihrem Nachbarn deren Bedeutung.

a) 

b) 

c) 

d) 

e) 

11. Benennen Sie die dargestellten Fachwerkfiguren.

a) b) c) d) e)

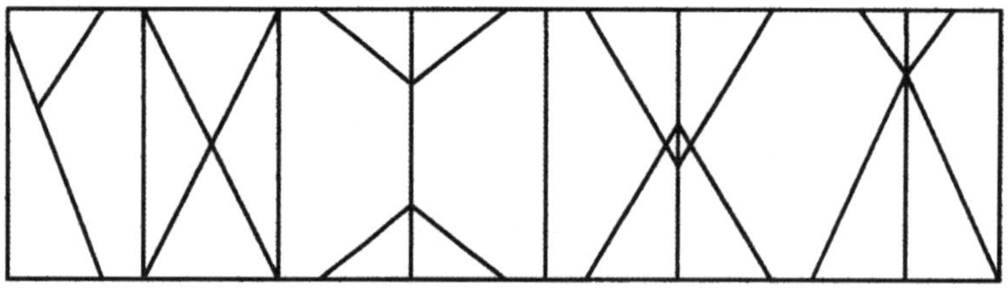

a) ______________________

b) ______________________

c) ______________________

d) ______________________

e) ______________________

12. Wie kann die Standsicherheit beim Aufrichten von Fachwerkwänden gewährleistet werden?

____

____

____

____

____

____

13. Herr Schneider fragt nach, warum Fachwerkwände heute nur selten für Neubauten verwendet werden. Nennen Sie ihm mindestens drei Gründe.

1. ______________________

2. ______________________

3. ______________________

4. ______________________

1.1.3 Holzrahmenbau

Der Wandbau in Holzrahmenbauweise zählt zu den neuzeitlichen Möglichkeiten des Holzhausbaus. Herr Schneider hat darüber in Bauzeitschriften etwas gelesen. Genaueres über diese Bauweise will er von Ihnen erfahren.

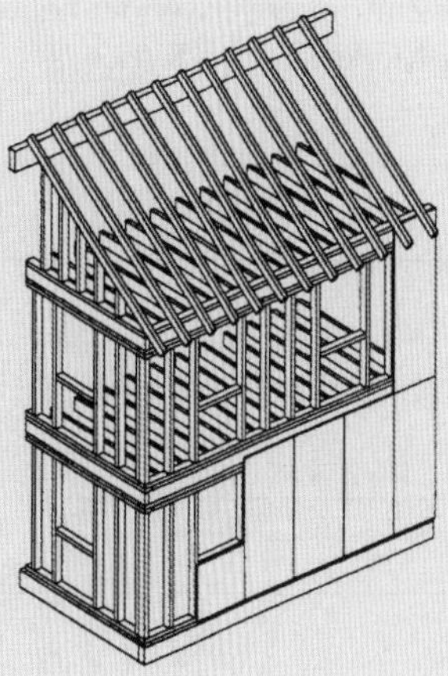

1. Führen Sie Kriterien an, die für die bevorzugte Anwendung des modernen Holzrahmenbaus sprechen.

2. Erklären Sie,

   a) woraus die tragende Konstruktion einer Wand in Rahmenbauweise üblicherweise besteht und

   b) welche alternativen Möglichkeiten noch bestehen.

3. Erläutern Sie ihm, welche Anforderungen an die Qualität der Rahmenhölzer gestellt werden.

-
-
-
-
-
-

4. Der Zimmerer verwendet heute meist Konstruktionsvollholz (KVH) bzw. Brettschichtholz (BSH). Bestimmen Sie vier Merkmale von KVH.

1. ____________________ 2. ____________________

3. ____________________ 4. ____________________

5. Wann kommt in Wänden BSH als Konstruktionsholz zum Einsatz?

____

____

6. Nennen Sie Herrn Schneider vier Möglichkeiten, wie die Rahmenhölzer miteinander verbunden werden können.

1. ____________________

2. ____________________

3. ____________________

4. ____________________

7. Er will auch wissen, warum die Ständer häufig im Achsabstand von 62,5 cm angeordnet werden.

____

____

____

8. Im Holzrahmenbau wird auf den Einbau von Hölzern zur Aussteifung verzichtet. Erläutern Sie Ihrem Nachbarn, wie bei dieser Bauart die Stabilität des Wandelements erreicht wird.

____

____

____

9. Welche möglichen Materialien und Werkstoffe können für die inneren und äußeren Beplankungen verwendet werden?

- ____________________
- ____________________
- ____________________
- ____________________
- ____________________
- ____________________
- ____________________

10. Beschreiben Sie Herrn Schneider (in Stichpunkten) die Herstellung eines Wandelements. (Fertigungsgrad: Rohbauelement)

- ______________________________
- ______________________________
- ______________________________
- ______________________________
- ______________________________
- ______________________________
- ______________________________
- ______________________________

11. Herr Schneider möchte über den Ablauf der Montage der Wände eines Holzhauses Bescheid wissen. Berichten Sie ihm aus Ihrer Erfahrung über das Richten der Wände in Rahmenbauweise.

- ______________________________
- ______________________________
- ______________________________
- ______________________________
- ______________________________

12. Neben statischen Funktionen muss eine Außenwand noch weiteren Anforderungen genügen. Beschreiben Sie diese Ihrem Nachbarn.

- ______________________________
- ______________________________
- ______________________________
- ______________________________
- ______________________________

13. Die Außenwand kann in mehrere Funktionsabschnitte unterteilt werden. Ordnen Sie die angeführten Ebenen in der bauphysikalisch richtigen Reihenfolge von außen (1) nach innen (6).

- Dampfbremse (luftdichte Ebene) ________
- Windsperre ________
- Außenschale mit und ohne Hinterlüftung ________
- Wandverkleidung raumseitig ________
- Installationsebene ________
- tragende Kernwand mit Dämmung ________

14. Die Außenschale dient einerseits dem Wetterschutz, andererseits gestaltet sie als architektonisches Ausdrucksmittel die Fassade. Berichten Sie Ihrem Nachbarn über die verschiedenen Konstruktionsarten und Materialien für die Außenschale.

15. Ihr Nachbar zeigt Ihnen das Bild einer Außenwandschalung.

a) Wie nennt man diese Konstruktionsart?

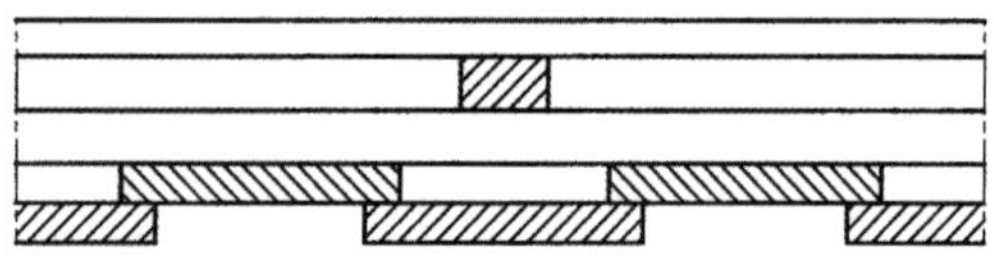

b) Skizzieren Sie in der Zeichnung die Befestigung der Schalung mit Nägeln und Schrauben.

16. Der Verlauf der Jahresringe spielt für die Anordnung der Bretter in der Außenschalung eine wichtige Rolle. Benennen und beurteilen Sie die verwendeten Bretter nach der Lage zur Sichtseite der Schalung und nach dem Verlauf der Jahresringe.

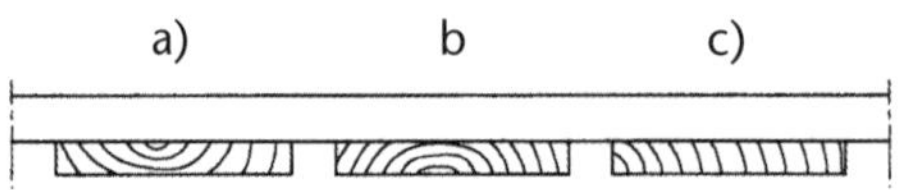

a)

b)

c)

17. Was muss bei der Beplankung einer Außenwand mit Brettern beachtet werden?

18. Erläutern Sie Ihrem Nachbarn den Begriff „Hinterlüftung“ in Verbindung mit der Außenschale.

19. Damit die Wärmedämmung der Wand ihre Funktion erfüllen kann, muss sie auf der Außenseite gegen Wind und Feuchtigkeit abgedichtet werden. Welche Ausführungsmöglichkeiten gibt es?

20. Erklären Sie Herrn Schneider, was unter der Bezeichnung tragende „Kernwand“ zu verstehen ist.

21. Holzrahmenbauwände können am Fußpunkt mit einer einfachen oder einer doppelten Schwelle ausgeführt werden.

a) Skizzieren Sie Herrn Schneider die zwei Möglichkeiten.

b) Beurteilen Sie die beiden Möglichkeiten.

Variante 1): eine Schwelle:

Variante 2): doppelte Schwelle:

____

____

c) Die Wandelemente müssen in der Decke verankert werden. Skizzieren Sie in einer Ihrer Darstellungen eine Möglichkeit für die Verankerung.

22. Die Dicke der Kernwand bestimmen heute meist gesetzliche Vorgaben. Welche Vorschrift regelt die Anforderungen an den baulichen Wärmeschutz?

____

23. Für die Energieversorgung eines Gebäudes können auch erneuerbare Energiequellen verwendet werden. Erläutern Sie Ihrem Nachbarn, was man darunter versteht, und nennen Sie einige Beispiele.

____

____

____

24. Führen Sie aus, warum Gebäude heutzutage im hohen Maß gedämmt werden müssen.

____

____

____

____

25. Stellen Sie mindestens drei Vorteile einer wärmegedämmten Wand einem ungedämmten Wandaufbau gegenüber.

____

____

____

____

26. Wesentlichen Einfluss auf die Wärmeverluste bei Gebäuden hat die Gebäudeform. Vervollständigen Sie den Satz:

Je größer die Außenwandfläche im Verhältnis zum Volumen des Gebäudes ist, umso ____________ ist der Energieverlust.

27. Beschreiben Sie Herrn Schneider Grundrissformen, die in baulicher Hinsicht einen geringen Energieverlust verursachen.

____

____

____

28. Die Fenster verursachen bei Gebäuden Wärmeverluste, bei schönem Wetter wird aber auch zusätzliche Wärme gewonnen.
Stellen Sie die beiden Merksätze durch Streichen der falschen Wörter richtig.

- Der Wärmeverlust im Fensterbereich ist *größer / kleiner* als bei der Außenwand.
- Der Energiebedarf beim Beheizen *steigt / fällt* mit dem Verhältnis der Fensterfläche zur Außenwandfläche.

29. Erklären Sie Ihrem Nachbarn den Unterschied zwischen Wärmedämmstoffen und Wärmespeichern, und geben Sie je zwei Beispiele an.

30. Nennen Sie Dämmstoffe, die im Holzrahmenbau in die Gefache eingebaut werden können.

31. Welche Anforderungen werden an moderne Wärmedämmstoffe gestellt?

32. Welche Beschaffenheit muss ein Baustoff haben, der sich durch eine möglichst geringe Wärmeleitfähigkeit auszeichnet?

33. Beschreiben Sie Ihrem Nachbarn, welche Eigenschaften Baustoffe besitzen müssen, die die Wärme gut speichern.

34. Nennen Sie ihm geeignete Baustoffe mit gutem Wärmespeichervermögen.

35. Wie kann die Speicherdämmfähigkeit bei der Holzrahmenbauweise verbessert werden?

36. Die innenseitige Beplankung einer Außenwand muss im höchsten Maß luftdicht ausgebildet werden. Führen Sie hierzu praktische Ausführungsmöglichkeiten an.

37. Herr Schneider zeigt Ihnen den Vertikalschnitt einer Holzrahmenwand, bei der im Anschluss an die innere Beplankung zur Raumseite hin ein Hohlraum vorgesehen ist.

a) Wie nennt man diesen Bereich?

b) Begründen Sie, warum dieser Hohlraum bei der Konstruktion von Außenwänden notwendig ist.

c) Wie dick sollte dieser Hohlraum mindestens ausgeführt werden?

38. Herr Schneider erwartet von Ihnen Vorschläge für die Ausführung der Wandverkleidung an der Innenseite von Holzbauwänden (raumseitiger Abschluss). Welche Möglichkeiten kennen Sie?

–
–
–
–

39. Warum dürfen Gipskartonplatten nicht zur Beplankung von Holzbauwänden im Außenbereich verwendet werden?

40. Beschreiben Sie Ihrem Gesprächspartner zwei mögliche Ursachen für Feuchteschäden, die in einer unsachgemäß ausgeführten wärmegedämmten Außenwand entstehen können.

– ______________________________

____

____

– ______________________________

____

41. Erklären Sie anhand einer Skizze den Aufbau einer gedämmten Außenwand mit einer hinterlüfteten Fassade, bestehend aus einer gedeckelten Schalung und einer raumseitigen Gipskartonverkleidung. Erläutern Sie grafisch den winterlichen Temperaturverlauf durch die Außenwand.

42. Die Luftdichtheit der Außenhülle eines Gebäudes ist ein wichtiges Qualitätsmerkmal eines Holzhauses. Geben Sie an, wie die Luftdichtheit eines Gebäudes geprüft werden kann.

____

____

____

____

43. Begründen Sie Ihrem Nachbarn, warum die Gebäudehülle luftdicht ausgeführt sein muss.

____

____

____

____

____

____

44. Im Holzhausbau erfolgt die Aufteilung der einzelnen Räume u. a. durch leichte Trennwände. Die fachlich richtige Ausführung dieser Wände erfordert eine Menge Kenntnisse und Fertigkeiten. Was versteht man unter einer Leichtbauwand?

____

____

____

____

45. Stellen Sie die Vorteile einer Leichtbauwand gegenüber gemauerten Wänden heraus.

46. Nennen Sie Ihrem Nachbarn die wesentlichen Teile einer Leichtbauwand.

–

–

–

47. Nennen Sie zwei mögliche Arten der Ständerkonstruktion.

1.

2.

48. Wann werden Leichtbauwände mit mehrfachen Beplankungsschichten ausgeführt?

49. Wie könnte der Schallschutz einer Leichtbauwand mit doppelter Beplankung noch verbessert werden?

50. In welchem Abstand sollten die Ständer einer Leichtbauwand bei Beplankung mit Gipskartonplatten angeordnet werden?

51. Beschreiben Sie Ihrem Gesprächspartner, wie die Plattenstöße bei beidseitiger Beplankung der Wand angeordnet werden.

52. Erläutern Sie auch, wie der Anschluss einer Leichtbauwand an angrenzende Bauteile ausgeführt wird.

53. Berichten Sie aus Ihrer Erfahrung, bei welchen Baumaßnahmen die Holzskelettkonstruktion vorrangig angewendet wird.

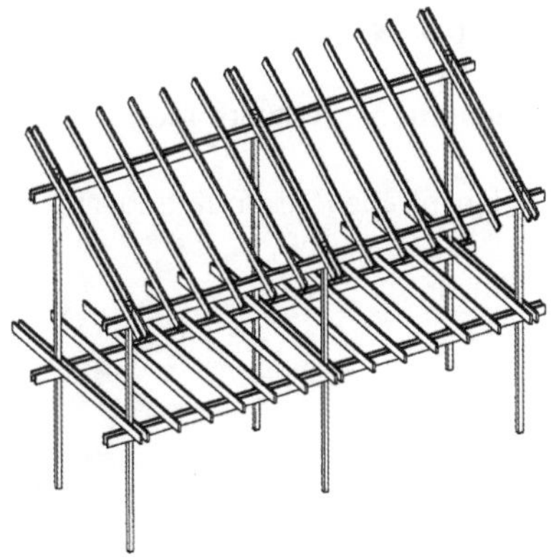

– ______________________

– ______________________

– ______________________

– ______________________

– ______________________

54. Zählen Sie Ihrem Nachbarn grundsätzliche Merkmale einer Holzskelettkonstruktion auf.

– ______________________

– ______________________

– ______________________

– ______________________

– ______________________

– ______________________

– ______________________

55. Ein Kennzeichen der Skelettkonstruktion ist die Gliederung in einem Raster. Wovon ist das verwendete Rastermaß abhängig? Nennen Sie Ihrem Nachbarn zwei Beispiele.

1. ______________________

2. ______________________

56. Vergleichen Sie die über mehrere Geschosse durchlaufenden Stützen des Skelettbaus mit der „Stockwerks"-Konstruktion der Fachwerkbauweise.

57. Ordnen Sie die Bezeichnungen der tragenden Hölzer der Skelettkonstruktion der Skizze richtig zu.

☐ Hauptträger (Primärträger)

☐ Nebenträger (Sekundärträger)

☐ Stütze

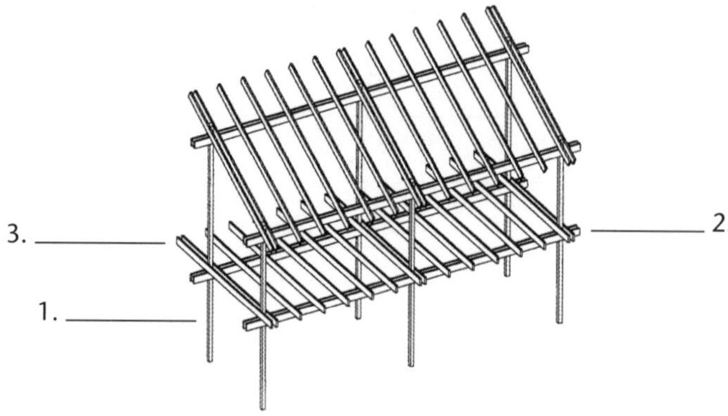

58. Erläutern Sie die unterschiedlichen Konstruktionssysteme (Trägerarten), die bei der Skelettkonstruktion angewendet werden können.

______

______

______

59. Bezeichnen Sie die dargestellten ingenieurmäßigen Anschlüsse der Knotenpunkte fachgerecht.

a)

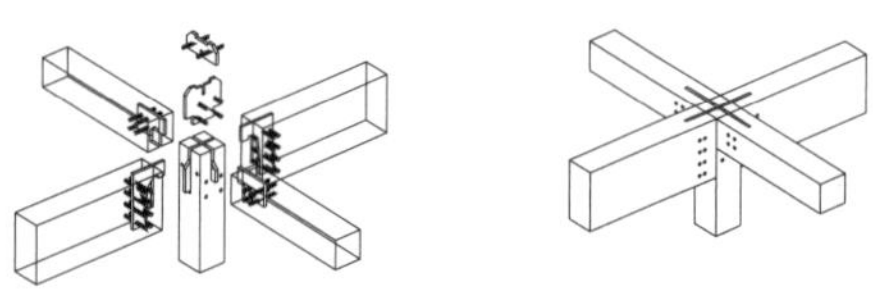

______

b)

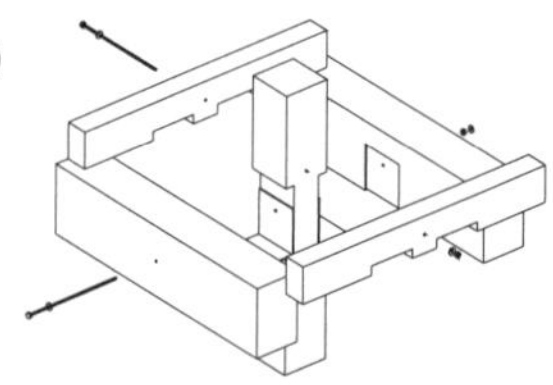

______

c)

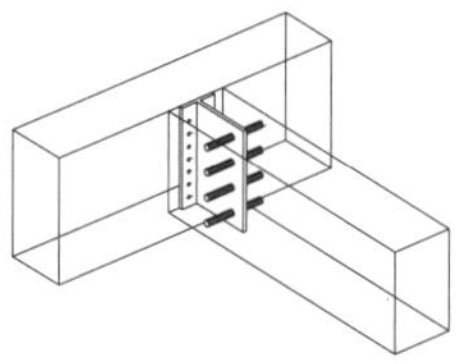

______

d)

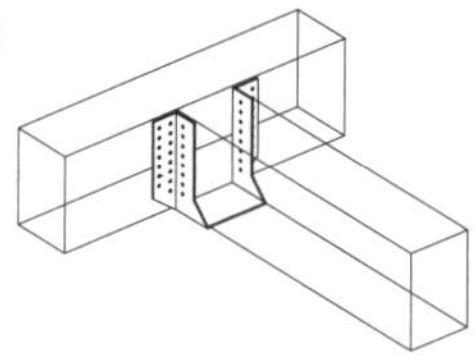

______

e)

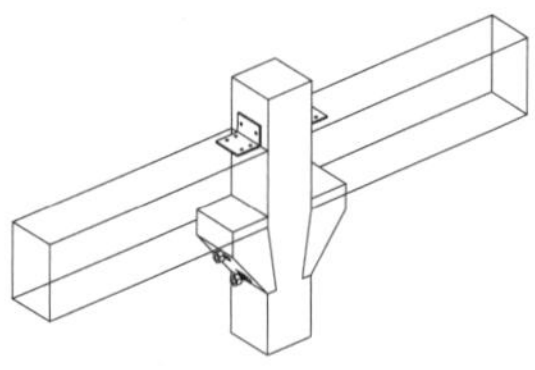

______

Bewerten Sie diese Anschlussmöglichkeiten nach dem Tragverhalten und der Wirtschaftlichkeit.

a) ______

b) ______

c) ______

d) ______

e) ______

60. Ihr Nachbar fragt nach, wie Skelettkonstruktionen ausgesteift werden können. Nennen Sie mindestens vier Möglichkeiten.

1. ______________________ 2. ______________________

3. ______________________ 4. ______________________

Wand- und Deckenkonstruktionen

61. Was versteht der Statiker unter dem Fachbegriff „Scheibe"?

62. Die Ausbildung des Fußpunkts einer Stütze im Holzskelettbau verdient besondere Beachtung. Skizzieren Sie eine Ausführungsmöglichkeit.

63. Stützenfüße müssen statischen und konstruktiven Anforderungen gerecht werden. Außerdem ist der bauliche Holzschutz zu beachten.
Erläutern Sie die statischen/konstruktiven Anforderungen:

Zeigen Sie die technischen Holzschutzmaßnahmen auf:

64. Wände können in dieser Konstruktionsart sehr flexibel angeordnet werden. Beschreiben Sie die möglichen Anordnungen der Wände in Bezug und Verbindung mit dem Skelett.

65. Erläutern Sie, warum das Aufrichten eines Skeletts eine anspruchsvollere Montagetechnik – im Vergleich zu anderen Konstruktionsarten – erfordert.

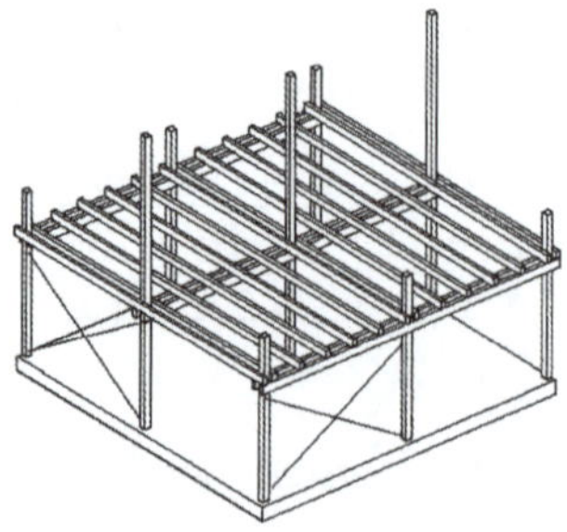

1.1.4 Blockbauweise

Herr Schneider zeigt Ihnen das Bild eines Ferienhauses, in dem die Familie im letzten Urlaub im Bayerischen Wald wohnte. Da er sich wegen des geplanten Neubaus auch für die Errichtung eines Holzhauses interessiert hat, sind ihm eine Menge Details an dieser Bauweise aufgefallen. Einiges ist ihm noch nicht so recht klar, und Sie sollen ihm die noch offenen Fragen beantworten.

1. In welchen Regionen und für welche Zwecke wird die Blockbauweise bevorzugt angewendet?

2. Nennen Sie Ihrem Nachbarn drei Merkmale der Blockbauweise.

   1.

   2.

   3.

3. Nennen Sie ihm mögliche Eckverbindungen bei der Blockbauweise.

4. Erklären Sie, wie im neuzeitlichen Blockbau die Fugen zwischen den Blockhölzern gedichtet werden.

5. Stellen Sie konstruktive Maßnahmen zusammen, die bei Wänden in Blockbauweise der Längsaussteifung dienen.

6. Witterungswechsel bewirken bei der Blockwand eine Veränderung der Holzdimensionen/Wandabmessungen auch in der Wandhöhe. An welchen Stellen kann dies im Blockwandbau zu Problemen führen?

7. Erläutern Sie, wie bei einem Blockhaus der Wärmeschutz auch nachträglich verbessert werden kann.

8. Beschreiben Sie ihm zwei Möglichkeiten für die Ausführung der Innenschale.

1.

2.

9. Zwischen welchen Konstruktionsteilen der in Aufgabe 8 beschriebenen Möglichkeiten finden jeweils Bewegungen statt?

1.

2.

10. Wie kann der Pufferbereich Wand/Decke an der Wandinnenseite abgedeckt werden?

1.1.5 Wandtechnik

Während ihrer fachmännischen Beratung benutzen Sie zwangsläufig bauphysikalische Fachbegriffe. Herr Schneider fragt Sie nach deren Bedeutung.

1. Erläutern Sie kurz, was man unter den folgenden Fachbegriffen versteht.

   a) Wärmedämmung:

   ____

   ____

   b) Wärmespeicherung:

   ____

   ____

   c) Wärmebrücke:

   ____

   ____

2. Erklären Sie den Begriff „absolute Luftfeuchtigkeit“.

   ____

   ____

3. Was bedeutet der Ausdruck „Wasserdampfdiffusion“?

   ____

   ____

4. Durch welche Maßnahme kann die Wasserdampfdiffusion in einem Bauteil verhindert werden?

   ____

   ____

5. Erklären Sie den Unterschied zwischen Dampfbremse und Dampfsperre.

   Dampfbremse: ______________________________

   Dampfsperre: ______________________________

6. Warum muss beim Einbau der Diffusions- oder Dampfsperre besonderes Augenmerk auf Anschlüsse, Übergänge und Durchdringungen gelegt werden?

7. Erklären Sie den Begriff „Kondensation" in Verbindung mit Wasser.

8. Was bedeutet die Bezeichnung „Wasserdampfsättigungsmenge"?

9. Wovon wird die Wasserdampfsättigungsmenge beeinflusst?

10. Zeigen Sie, an welcher Stelle der Außenwand die Gefahr einer Kondenswasserbildung entstehen kann.

11. Welche Bedeutung hat der „Wasserdampfdiffusionswiderstand"?

12. Erläutern Sie den s_d-Wert einer Bauteilschicht.

13. Beschreiben Sie die Aufgabe, die der Hinterlüftung einer wärmegedämmten Außenwand unter einer Holzverschalung zufällt.

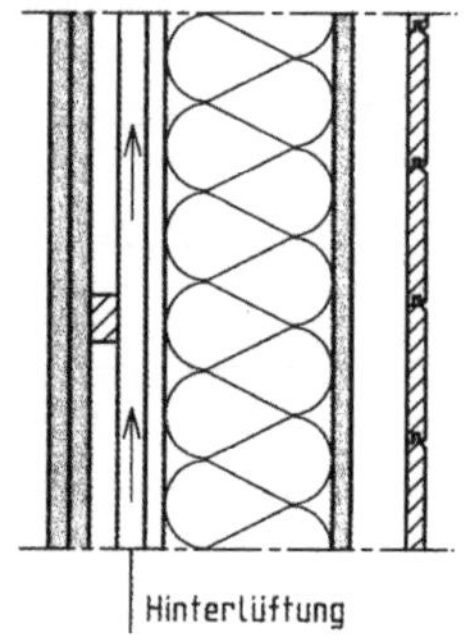

14. Die hinterlüftete Fassade benötigt unten eine Lufteintritts- und oben eine Luftaustrittsöffnung. Gleiches gilt auch bei Öffnungen für Fenster oder Türen. Durch welche Maßnahme wird hier der Vogel- und Insektenschutz gewährleistet?

15. Erläutern Sie, was mit einer Thermografie verdeutlicht werden kann.

16. Was versteht man unter der Wärmeleitfähigkeit λ?

17. Erklären Sie den Begriff „Wärmedurchlasswiderstand“.

18. Berechnen und erläutern Sie bei der eingangs dargestellten Fachwerkwand die Abbundwerte α und *l*, *a*, *b*, *c* in cm. Der obere Abstand zwischen Außenkante Pfosten und Unterkante Strebe beträgt 10 cm.

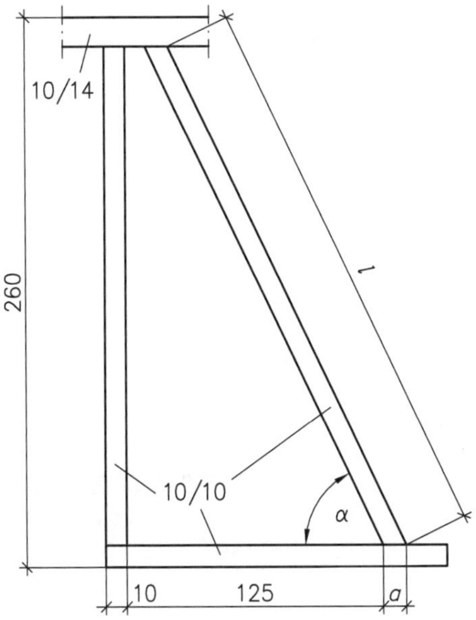

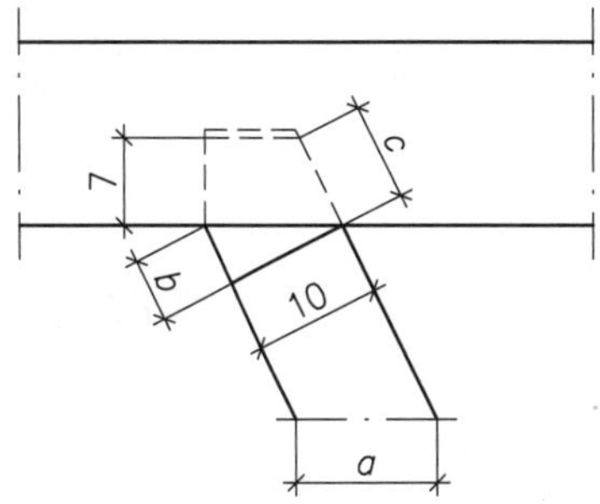

19. Ergänzen Sie die Strebenbemaßung (Absolutbemaßung) in cm.

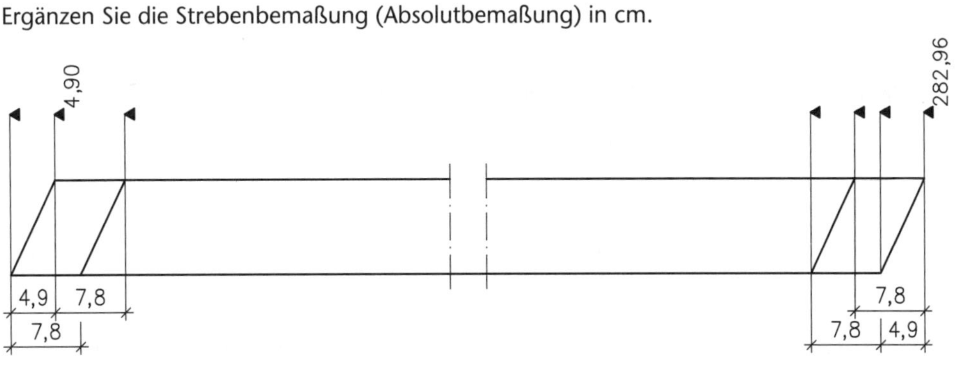

20. Vervollständigen Sie für Ihren Nachbarn die Holzliste für den Zuschnitt der Fachwerkwand.
Zapfenlänge je 7 cm

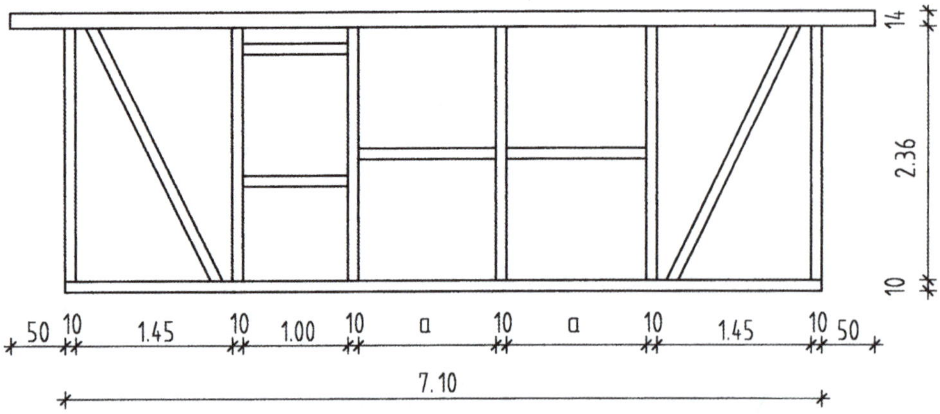

Bezeichnung	Stk.	Querschnitt (cm)	L (m)	$L_{ges.}$ (m)	m^3	Bemerkung
Rähm						NH S10
Schwelle						
Streben	2	10/10	2,83			
Pfosten						
Riegel						
Fensterriegel						
				gesamt =		

21. Für die Fachwerkwand wurden 0,442 m^3 Holz zugeschnitten.
Berechnen Sie die Masse der Wand in kg und t bei einer Ausführung

a) in Fichte (Rohdichte 450 kg/m^3),
b) in Eiche (Rohdichte 700 kg/m^3).

a)
b)

22. Berechnen und erläutern Sie die Gewichtskräfte in N und kN bei einer Masse von:

a) 198,9 kg,
b) 309,4 kg.

a)
b)

23. Erklären Sie Ihrem Nachbarn die Bedeutung des Vorholzes, in dem Sie die auftretende waagerechte Strebenkraft (F_h)

a) grafisch (2 kN = 1 cm) und
b) rechnerisch ermitteln.

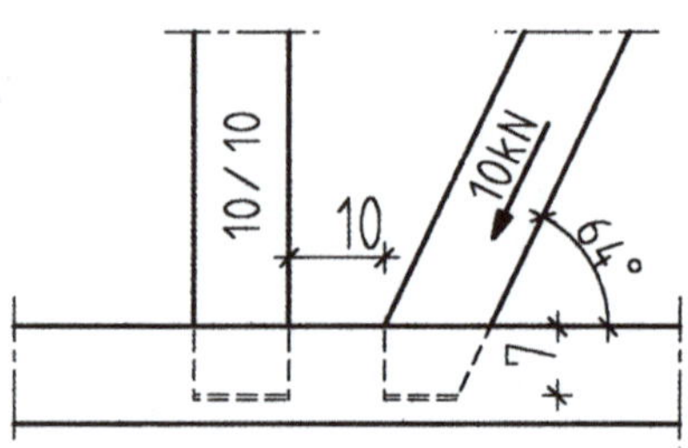

b)

24. Berechnen und erläutern Sie das Schwundmaß in cm einer 3,0 m hohen Blockwand anhand folgender Vorgaben:

Einbaufeuchte 20 %; Schwund in %, pro % Holz-Feuchte-Änderung 0,18;
Ausgleichsfeuchte 13 %

25. Ermitteln Sie die flächenbezogene Masse der dargestellten Blockwand mit zusätzlicher Innendämmung in kg/m^2 und in t/m^2.

① = GKB 12,5 mm, Rohdichte 900 kg/m^3

② = Zellulose-Fasermatte 80 mm, Rohdichte 70 kg/m^3

③ = Blockwand 16 cm, Rohdichte 480 kg/m^3
(Traglattung und Dichtbahnen werden vernachlässigt.)

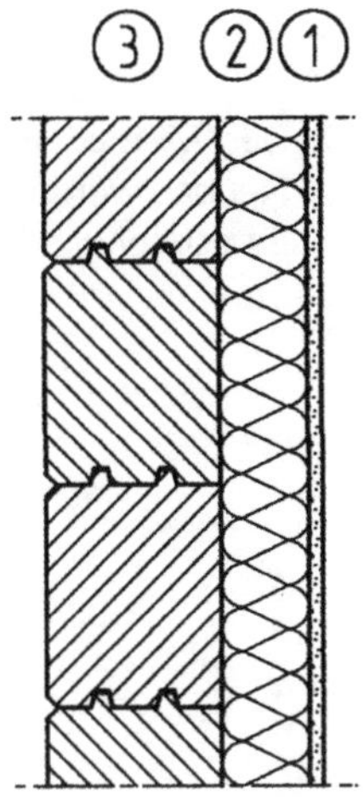

26. Ermitteln Sie die flächenbezogene Last einer Wand mit einer flächenbezogenen Masse von 93,65 kg/m^2.

27. Berechnen Sie den *U*-Wert einer Blockwand von 16 cm Dicke bei einer Wärmeleitzahl von 0,13 W/K · m.

28. Berechnen Sie den *U*-Wert der dargestellten Blockwand.
Die Traglattung wird mit 15 % Flächenanteil angenommen.
Die Dichtungsbahnen werden bei der Berechnung vernachlässigt.

① GKB 12,5 mm;	λ = 0,210 W/K · m
② Zellulose-Faser-Matte 8 cm;	λ = 0,040 W/K · m
③ Lattung (15 % Fläche) 8 cm;	λ = 0,130 W/K · m
④ Block 16 cm;	λ = 0,130 W/K · m

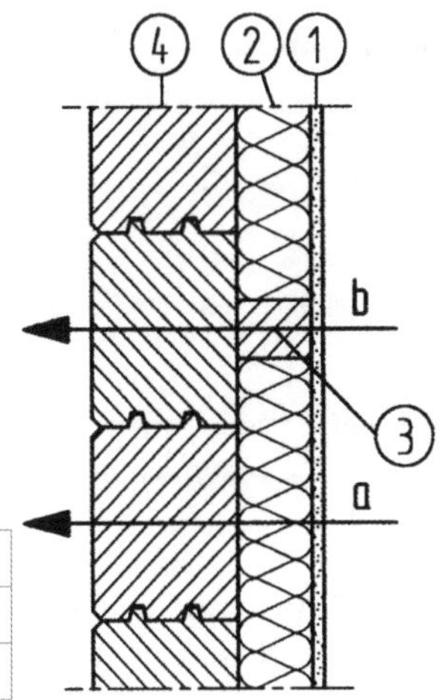

a) Im Bereich der Dämmung:

b) Im Bereich der Lattung:

c) $U_{Gesamtwand}$:

29. Der Wärmedurchlass-Widerstand R der Altbauwand soll durch zusätzliche Dämmung genauso gut wie beim Neubau werden.
Berechnen Sie die erforderliche Dämmstoffdicke in cm.

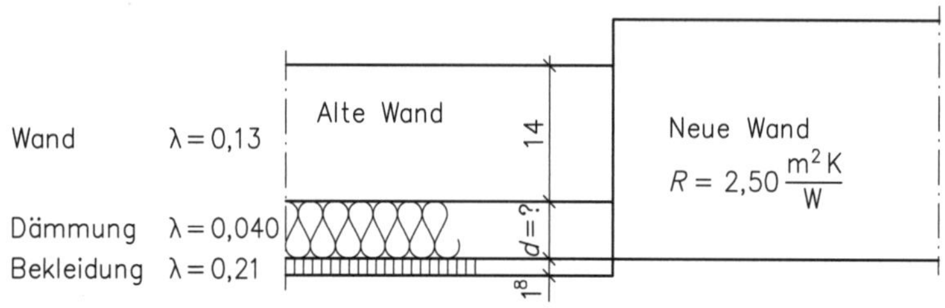

1.1.6 Technische Kommunikation

Für einen Handwerker ist es wichtig, dass er sich bei ganz speziellen Fragen des Bauherrn mithilfe von Skizzen und Zeichnungen ausdrücken und so das Problem verdeutlichen und anschaulich darstellen kann. Erstellen Sie für Herrn Schneider konkrete Unterlagen zum Holzwandbau.

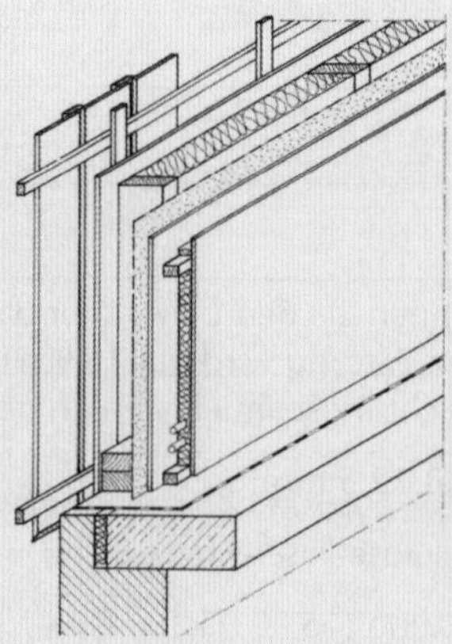

Hinweis: Verwenden Sie für die nachfolgenden Darstellungen Maße und Materialien nach Ihren Erfahrungen. Legen Sie den Maßstab der Zeichnung (Skizze) nach Ihren Gegebenheiten fest.

1. Zeichnen und beschriften Sie den Aufbau einer gedämmten Außenwand mit einer hinterlüfteten Fassade, bestehend aus einer Deckelschalung, einer Installationsebene und einer raumseitigen Verkleidung mit waagrecht verlaufender, gefaster Nut- und Federschalung.

2. Konstruieren Sie den senkrechten Schnitt der Außenwand mit Sockel und Schwellenanschluss.

3. Zeichnen Sie einen waagrechten Schnitt durch eine Außenwandecke eines Holzrahmenbaus. Benutzen Sie den gleichen Wandaufbau wie in der vorangegangenen Aufgabe (Maßstab 1:10).

4. Konstruieren Sie als Detailzeichnung einen seitlichen Fensteranschluss.

5. Zeichnen Sie den dargestellten Knotenpunkt im Maßstab 1:5. Verwenden Sie als Dachneigung 40°.

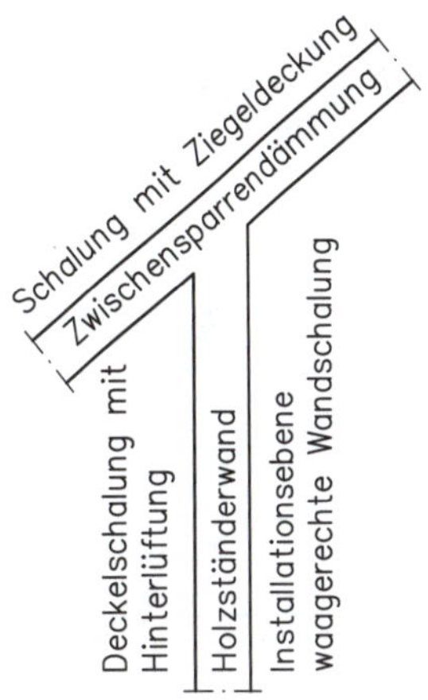

1.2 Projekt: Wohnhausanbau der Familie Weiß

Die Familie Weiß in Ihrer Straße beabsichtigt, das bestehende Wohnhaus zu erweitern. Der Anbau ist für die Wand-/Dachkonstruktion bereits detailliert geplant, und Herr Weiß hat bei Ihnen nachgefragt, ob Sie ihm bei der Deckenplanung helfen und ihn beraten würden. Überzeugen Sie die Familie Weiß durch Ihre fachkundigen Erläuterungen und Erklärungen vom Einbau einer Decke in Holzbauweise.

1.2.1 Allgemeine Fragen und Aufgaben zur Decke

Beantworten Sie zuerst allgemeine Fragen von Herrn Weiß zu möglichen Deckenbauarten.

1. Welche Deckenkonstruktionsarten kennen Sie?

– ______________________________

– ______________________________

– ______________________________

– ______________________________

2. Erläutern Sie Herrn Weiß die allgemeinen Anforderungen, die an Decken gestellt werden.

3. Bezeichnen Sie die dargestellten Arten von Stahlbetondecken.

a) b) c) d)

4. Erklären Sie Herrn Weiß den Vorteil von Plattenbalken-, Rippen- und Kassettendecken gegenüber Plattendecken.

5. Die Herstellung von Rippen- und Kassettendecken erfordert einen enormen Schalungsaufwand. Zeigen Sie auf, wie der Schalungsaufwand reduziert werden kann.

6. Welche Last muss eine Decke zusätzlich zu der Eigenlast noch aufnehmen?

Geben Sie an, wovon diese zusätzliche Belastung abhängig ist.

7. Überzeugen Sie die Familie Weiß mit Argumenten, die für eine Geschossdecke in Holzbauweise sprechen.

8. Nennen Sie zwei Arten von Holzdecken.

1. ______________________ 2. ______________________

1.2.2 Decken in Holzbauweise

Sie haben Herrn Weiß überzeugt. Er will eine Decke in Holzbauweise – wie beim bestehenden Gebäude – auch für den Anbau einsetzen.

1. Berichten Sie, warum früher fast ausschließlich Holzbalkendecken im Hausbau verwendet wurden.

2. Erklären Sie Herrn Weiß, was man unter einer Holzbalkendecke versteht.

3. Beschreiben Sie, was man unter einer Brettstapeldecke versteht.

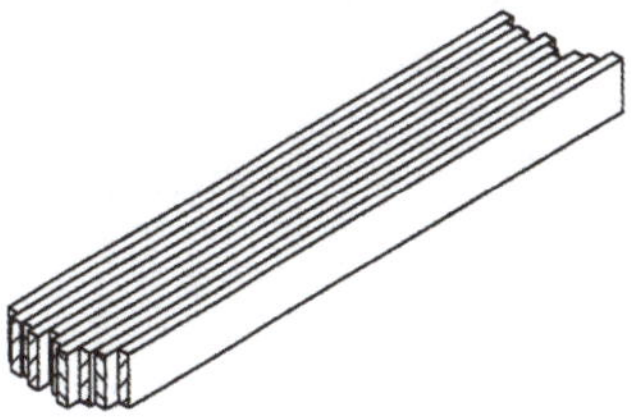

4. Welche drei Trägerarten finden (als „Holzbalken") Verwendung?

1. ______________________ 2. ______________________

3. ______________________

5. In einem Gebäude können mehrere Balkenlagen vorkommen.

a) Wie werden die Balkenlagen nach ihrer Lage im Gebäude benannt?

b) Beschreiben und erklären Sie die einzelnen Balkenlagen.

6. Bezeichnen Sie die Konstruktionsteile der dargestellten Balkenlage.

1. Giebelbalken
2. Streichbalken
3. Normalbalken (Ganzbalken)
4. Binderbalken (Bundbalken)
5. Wechselbalken
6. Wechsel
7. Stichbalken
8. Füllholz

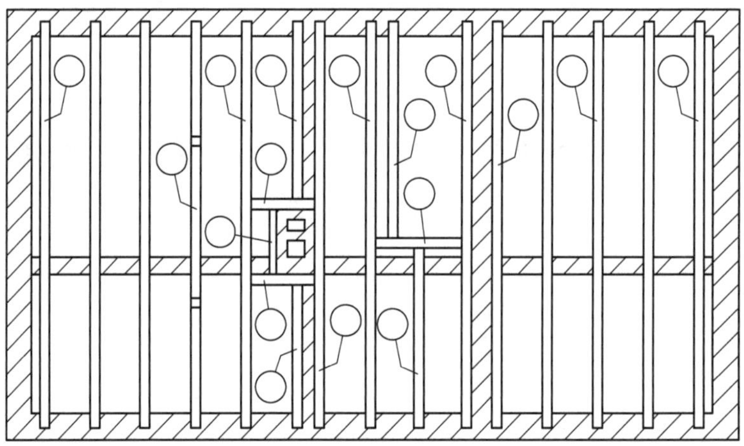

7. Erklären Sie Herrn Weiß, welche Mindestanforderungen an den Brandschutz bei Holzbalkendecken gestellt werden.

8. Welchen Abstand muss ein tragendes Holz aus feuerpolizeilichen Gründen von der Schornsteinwand mindestens haben?

9. Der Ausbildung des Balkenauflagers ist besondere Beachtung zu schenken.

   a) Zeichnen Sie den senkrechten Schnitt eines Balkenauflagers mit Ringanker und Mauerwerk im Maßstab 1:10.

   b) Beschreiben Sie Herrn Weiß die wichtigsten Regeln für die Ausbildung des Balkenauflagers.

10. Wovon hängt die Auflagerfläche eines Holzbalkens ab?

11. Wie groß sollte die Auflagerlänge eines Holzbalkens mindestens sein?

12. Beschreiben Sie Herrn Weiß drei Verankerungsmöglichkeiten eines Deckenbalkens mit dem Mauerwerk.

    1.

    2.

    3.

13. Erklären Sie ihm die Faktoren, die die Wahl (Bemessung) des Balkenquerschnitts maßgeblich beeinflussen.

    –
    –
    –
    –
    –
    –

14. Beschreiben Sie ihm anhand der Abbildungen zwei Möglichkeiten, wie bei einem Holzhaus der Deckenanschluss mit der Außenwand ausgeführt werden kann.

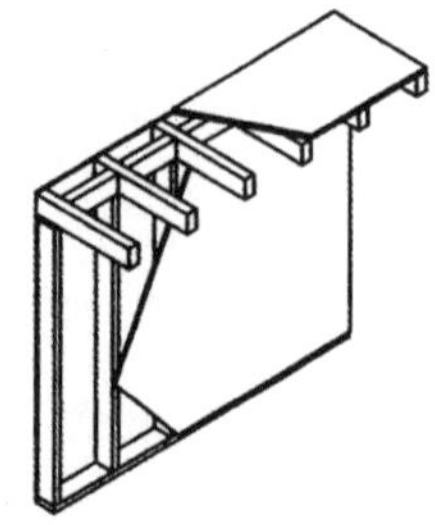

– ____

____

____

____

____

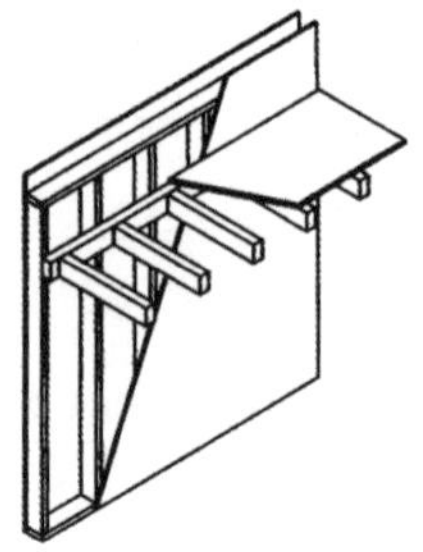

– ____

____

____

____

____

15. Informieren Sie Herrn Weiß darüber, in welchen Abständen die Balken in der Balkenlage verlegt werden können.

____

Geben Sie auch an, wovon dieser Abstand abhängig ist.

____

16. Beschreiben Sie ihm fünf Arten von Holzverbindungen, die bei Balkenlagen Anwendung finden.

1. ____
2. ____
3. ____
4. ____
5. ____

Beurteilen Sie die Verbindungen nach den statischen Anforderungen.

1. ____
2. ____
3. ____
4. ____
5. ____

17. Herr Weiß hat bei einer Ausstellung verschiedene Holzbalkendecken gesehen. Nennen Sie ihm zwei mögliche Konstruktionsarten von Holzbalkenlagen.

1. ____
2. ____

18. Wegen ihrer geringen Masse ist bei Holzbalkendecken auf ausreichenden Schallschutz zu achten. Zählen Sie auf, welche Arten von Schall man unterscheidet.

– ______________________ – ______________________

19. Wie kann bei einer Holzbalkendecke der Luftschallschutz verbessert werden? Erläutern Sie drei geeignete Maßnahmen.

____

1. ______________________

2. ______________________

3. ______________________

20. Durch welche Maßnahmen kann die Trittschalldämmung bei Holzbalkendecken verbessert werden? Nennen Sie zwei Möglichkeiten.

1. ______________________

____

____

2. ______________________

____

21. Wie kann der Brandschutz bei Holzbalkendecken erhöht werden?

____

____

22. Fußböden in Wohnräumen sollten „schwimmend" verlegt werden.
Erklären Sie Herrn Weiß den Begriff „Schwimmender Estrich".

____

____

____

23. Welche Materialien sind als Trittschalldämmschicht zwischen dem Fußboden und der Deckenkonstruktion geeignet?

____

____

24. Machen Sie ihm Vorschläge für mögliche Arten von Holzfußböden.

____

____

25. Erläutern Sie Herrn Weiß, warum Fußböden mit einem Abstand zur Wand verlegt werden müssen.

26. Warum werden die Deckenuntersichten oft als abgehängte Deckenkonstruktionen ausgeführt?

27. Zeigen Sie Herrn Weiß zwei mögliche Konstruktionen für die Abhängung der Decke.

1.

2.

28. Nennen Sie ihm Möglichkeiten für die Ausführung der Beplankung bei abgehängten Decken.

29. Eventuell wird sich Herr Weiß für eine Flachdachkonstruktion entscheiden. Daher will er von Ihnen wissen, bis zu welchem Neigungswinkel Dächer als Flachdächer bezeichnet werden.

30. Welche zusätzlichen Anforderungen gegenüber einer Wohnungsdecke werden an eine Flachdachkonstruktion gestellt?

31. Nennen Sie Herrn Weiß Materialien, die als Dachhaut für Flachdächer verwendet werden.

-
-
-

32. Nennen Sie ihm die zwei grundsätzlichen Arten von Flachdachkonstruktionen.

1. ______________________________

2. ______________________________

33. Kaltdächer werden zweischalig ausgeführt. Die Belüftung trennt die untere von der oberen Schale.

a) Erläutern Sie die Funktionen der unteren Schale.

b) Beschreiben Sie ihm die Funktionen der oberen Schale.

34. a) Erklären Sie Herrn Weiß, warum bei Flachdächern die Dachhaut geschützt werden soll.

b) Er will weiterhin von Ihnen wissen, welche Schutzmaßnahmen Sie kennen.

35. Warum sollte ein Flachdach ein leichtes Gefälle haben?

1.2.3 Deckentechnik

Herrn Weiß interessieren auch konkrete Werte zu den Belastungen, Auflagerkräften und Tragfähigkeiten von Holzbalkendecken; ebenfalls sollen Sie zu den Maßen für die Balkeneinteilung und den Ergebnissen der Massenberechnung für die geplante Holzbalkendecke des Anbaus Auskunft geben.

1. Für den Anbau wurde für 1 m^2 der Holzbalkendecke eine Eigenlast von 2,2 kN/m^2 ermittelt. Zusätzlich muss noch mit einer gleichmäßig verteilten veränderlichen Belastung von 2 kN/m^2 gerechnet werden. Die Stützweite der Balkenlage beträgt 4,00 m. Die Balken liegen in einem Achsabstand von 70 cm.

a) Zeichnen Sie das statische System des Balkens mit Belastung.

b) Berechnen Sie die Auflagerkräfte F_A und F_B in kN.

2. Berechnen Sie die Auflagerkräfte F_A und F_B für den Unterzug einer Balkenlage.

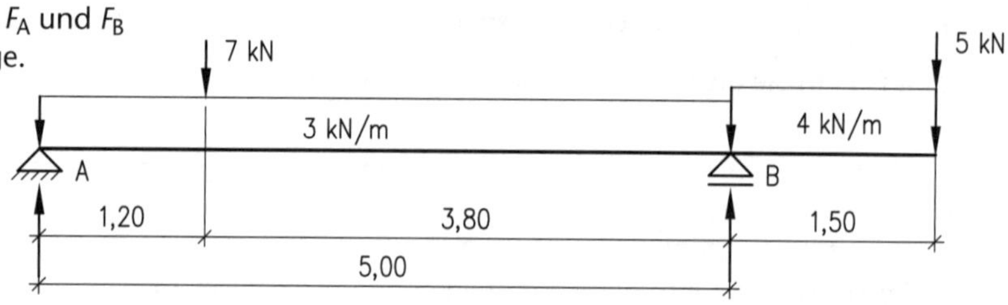

3. Ein Deckenbalken soll am Endauflager im Bemessungszustand eine Auflagerkraft von F_d = 40 kN auf die Schwelle übertragen.
Führen Sie den Tragfähigkeitsnachweis für die Auflagerpressung in der Schwelle durch.
Angaben: Bauholz NH C24, Lasteinwirkungsdauer mittel, Nutzungsklasse 1

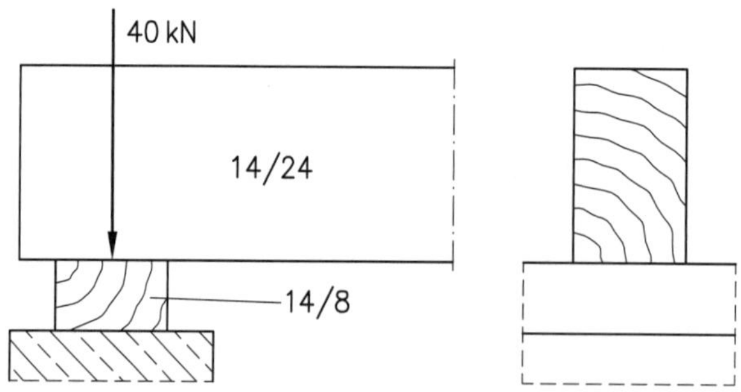

4. Ermitteln Sie für die geplante Balkenlage:

   a) Die Anzahl der Balken und den genauen Balkenabstand in cm.
   Angaben: Balkenquerschnitt = 14/24 cm; Balkenabstand max. 75 cm

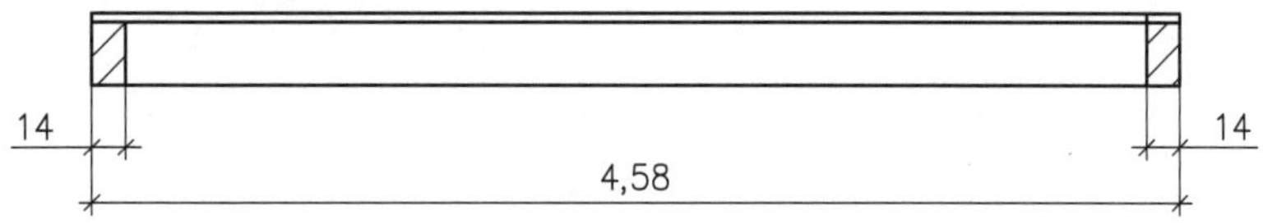

   b) Führen Sie die Einteilung auch zeichnerisch durch.

5. Berechnen Sie für das vorgesehene Deckenelement
   a) die Masse des Elements in kg und t,
   Angaben: Rohdichte Holz und Platte 480 kg/m^3

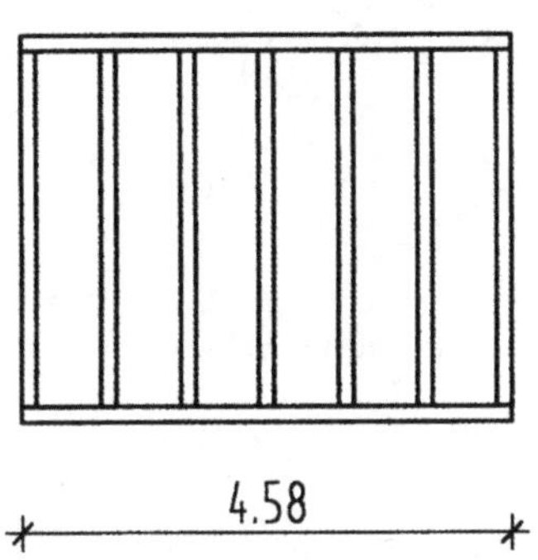

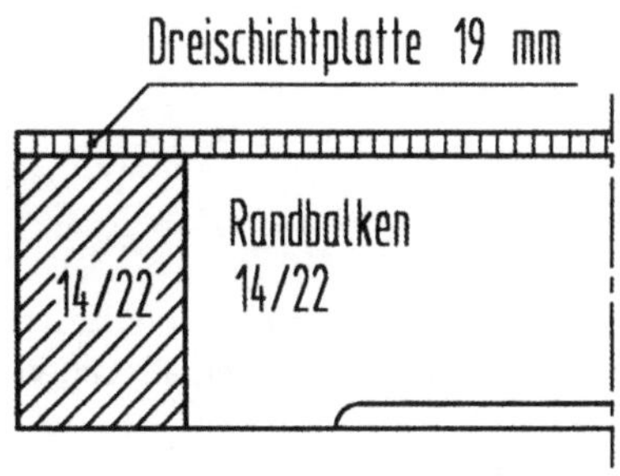

   Berechnung:

   Balken:

   Platte:

   Masse:

   b) die Eigenlast des Deckenelements in kN.

1.2.4 Technische Kommunikation

Erstellen Sie für Familie Weiß die nachfolgend geforderten Zeichnungen und Konstruktionsdetails.

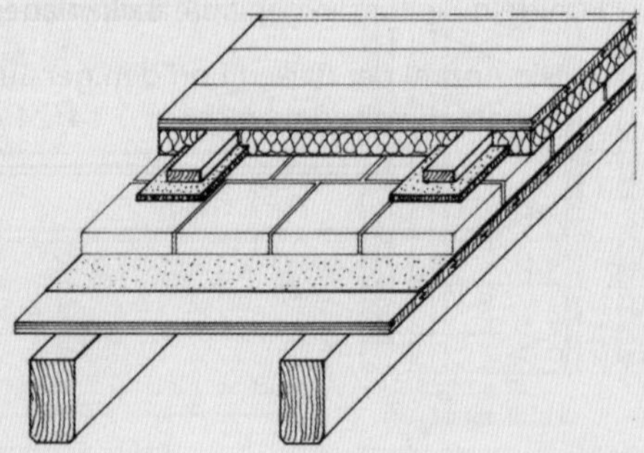

1. Ergänzen Sie die Darstellung des schrägen Brustzapfens, wie er bei der Kaminauswechslung der bestehenden Balkenlage ausgeführt wurde.

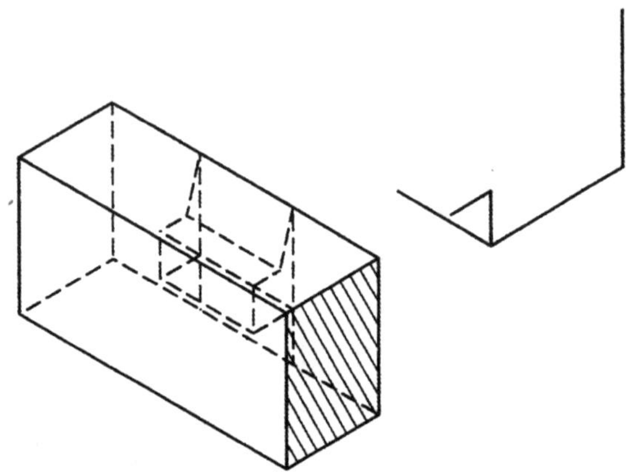

2. Zeichnen Sie den Deckenaufbau der bestehenden Holzbalkendecke mit unterseitiger Bekleidung, einer Sandschüttung und einem Fußboden auf Lagerhölzern (Maßstab 1:10).

   Erläutern Sie die Konstruktion, und beurteilen Sie die Ausführung hinsichtlich des Schallschutzes.

3. Konstruieren Sie den Aufbau einer Holzbalkendecke mit unterseitiger Bekleidung und einer Abhängung mit Federbügeln, und beurteilen Sie die Konstruktion hinsichtlich des Schallschutzes.

4. Zeichnen Sie den Deckenaufbau einer Balkendecke mit sichtbaren Balken und ausreichender Wärme- und Schalldämmung, und beurteilen Sie die Konstruktion.

🗋

____

____

____

____

5. a) Konstruieren Sie die Balkenlage über dem Erdgeschoss des Anbaus im Maßstab 1:50.

🗋

Angaben: Alle Hölzer 10/20 cm;
Wandabstand 2,0 cm;
Kaminabstand 5,0 cm;

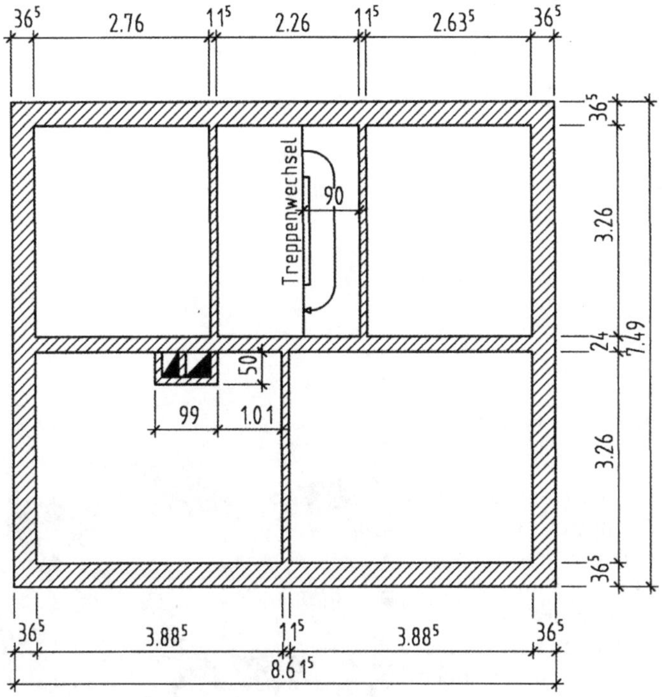

b) Notieren Sie die Arbeitsschritte.

______________________ ______________________

______________________ ______________________

______________________ ______________________

______________________ ______________________

______________________ ______________________

______________________ ______________________

6. Zeichnen Sie eine mögliche Flachdachkonstruktion als Kaltdach im Maßstab 1:10, und bezeichnen Sie die verwendeten Materialien.

7. Ergänzen Sie die mögliche Ausführung einer Warmdachkonstruktion (Maßstab: 1:10). Bezeichnen Sie die gewählten Baustoffe.

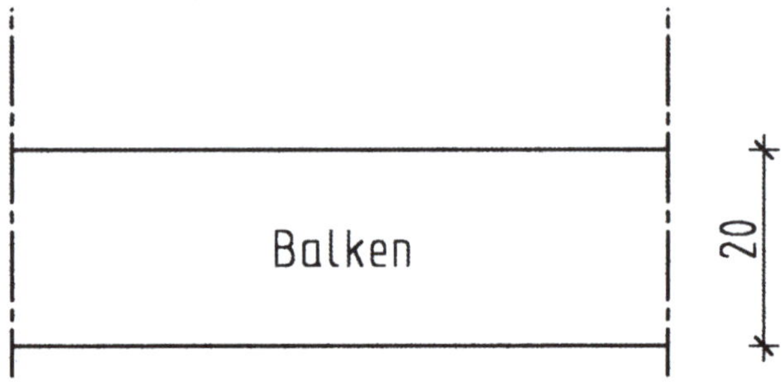

1.3 Projekt: Sanierung des Wohnhauses der Familie Wagner

Herr Wagner hat ein älteres Wohnhaus geerbt. Er will es nach und nach renovieren, um es als Wochenenddomizil nutzen zu können. Am Haus zeigen sich bei näherer Begutachtung erhebliche Mängel, z. B. ist das Dach undicht, und im Bereich des Kamins und des Gesimses an der Traufe zeigen sich Putzschäden und morsche Balkenteile. Die Behebung der Schäden erfordert eine Menge Fachkompetenz. Herr Wagner wendet sich an Sie und erwartet von Ihnen fachkundige Auskunft und qualifizierte Antworten auf seine Fragen.

1.3.1 Fragen zur Schadensfeststellung

Herrn Wagner beschäftigen zunächst Gedanken zum Ablauf und zur Durchführung der Sanierung.

1. Beschreiben Sie ihm die Vorgehensweise (den Ablauf) der Sanierung eines Wohnhauses.

2. Mit welchen Mitteln kann der Bestand eines Gebäudes aufgenommen werden?

3. Erklären Sie Herrn Wagner die Bestandsaufnahme mit der Fotogrammetrie.

4. Zeigen Sie ihm die Bereiche auf, die bei der Schadensfeststellung von Holzkonstruktionen zu prüfen sind.

5. Auf welche Art und Weise können Holzbauteile zerstört werden?

6. Herr Wagner musste feststellen, dass die tragenden Hölzer der Balkenlage im Kaminbereich mit Kellerschwamm befallen sind. Erläutern Sie ihm, welche Bedingungen das Entstehen von Pilzen fördern.

7. Beschreiben Sie die Entwicklungsphasen der Pilze.

8. Nennen Sie drei Pilzarten, die Holz häufig befallen.

1.

2.

3.

9. Warum stellt der echte Hausschwamm die gefährlichste Holzkrankheit dar?

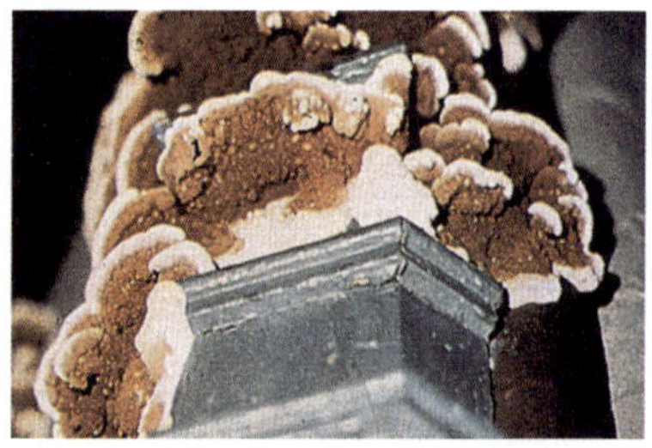

Fruchtkörper

10. Nadelhölzer (besonders die Kiefer) werden leicht vom Bläuepilz befallen. Diskutieren Sie die Verwendung befallener Nadelhölzer als Nutzholz.

Befallenes Splintholz

11. Im Dachraum hat Herr Wagner an verschiedenen Stellen auf dem Fußboden mehlartige Häufchen gefunden: ein eindeutiges Indiz für Insektenbefall. Zu den tierischen Holzschädlingen gehören Käfer, Falter, Wespen und Termiten. Nennen Sie Herrn Wagner die drei wichtigsten Insekten, die in verbautem Holz vorkommen.

1.

2.

3.

12. Nennen Sie ihm die Entwicklungsstufen der Insekten.

13. Bestimmen Sie das Entwicklungsstadium, in dem die Holzschädlinge den größten Schaden am Holz anrichten.

14. Erläutern Sie Herrn Wagner, welcher Teil des Holzquerschnitts (Stammes) von den meisten Schädlingen bevorzugt wird.

15. Erklären Sie, warum dieser Teil des Stammes von den Holzschädlingen bevorzugt wird.

16. Der gefährlichste Holzschädling ist der Hausbock. Er befällt Nadelhölzer, die im Dachbereich oder in der Holzbalkendecke verbaut sind. Nennen Sie Herrn Wagner Kennzeichen, die auf einen Hausbockbefall schließen lassen.

17. Der Pochkäfer, auch „Holzwurm" genannt, befällt verarbeitetes Nadel- und Laubholz.
Beschreiben Sie Merkmale für einen Befall.

18. Nennen Sie Herrn Wagner die Merkmale und Kennzeichen verschiedener Holzschädlinge am verbauten Holz. Weisen Sie für den im Dachraum festgestellten Befall anhand der Merkmale und Kennzeichen den Holzschädling zu.

19. Erläutern Sie, warum die Holzwespe in verbauten Konstruktionshölzern ein gefährlicher Holzschädling ist.

1.3.2 Sanierungstechnik

Der Balkenkopf eines Deckenbalkens ist im Auflagerbereich durch Pilzbefall zerstört. Diskutieren Sie Maßnahmen zur Wiederherstellung der zerstörten Holzteile.

1. Nennen Sie Herrn Wagner Möglichkeiten, wie ein Balkenkopf wiederhergestellt werden kann.

   – ____________________ – ____________________

   – ____________________

2. Beschreiben Sie zwei Arten von Prothesen, die zur Ergänzung von zerstörten Holzteilen ausgeführt werden.

   1. Kunststoffprothese:

   ____

   ____

   ____

   ____

   2. Holzprothese:

   ____

   ____

   ____

   ____

   ____

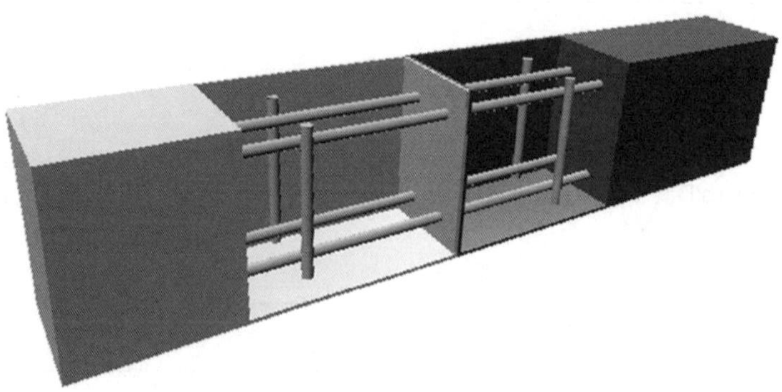

Holzprothese

3. Der Befall mit Echtem Hausschwamm erfordert umfangreiche Bekämpfungsmaßnahmen. Beschreiben Sie Herrn Wagner die notwendigen Arbeiten.

____

____

____

____

____

____

____

____

4. Beschreiben und erläutern Sie Herrn Wagner Sanierungsmaßnahmen, die der Fachmann bei Insektenbefall ergreift.

____

____

____

____

____

____

____

____

5. Herr Wagner möchte die festgestellten Schäden am Wochenendhaus sanieren lassen. Teile der Balkenlage und der Dachkonstruktionshölzer weisen leichten Klopfkäfer-Befall auf. Es müssen deshalb 150 lfm Balken 14/20 cm auf drei Seiten und 120 m^2 Schalung durch Streichen chemisch geschützt werden.

a) Wählen Sie das geeignete Holzschutzmittel aus.

	Mittel 1	Mittel 2
Anwendungsbereiche:	Holz für Innen- und Außenbereich	Bekämpfungsmittel gegen holzzerstörende Insekten
	vorbeugender Schutz gegen Insekten und Pilze	gleichzeitig vorbeugend wirksam gegen Pilze und Insekten
	insbesondere für Dachstühle und Bauholzimprägnierung	z. B. in Dachstühlen, Decken, Böden
Eigenschaften:	sehr gutes Eindringverhalten	anwendungsfertig
	nach Fixierung schwer auslaugbar	keine Geruchsbelästigung
	Prüfprädikate: Iv, P	Prüfprädikat: Ib
Verbrauch:	Gefährdungskl. 2 30 g/m^2	Gefährdungskl. 3 330 g/m^2
Abpackung:	Kanister: 30 kg, 120 kg Container: 1100 kg	Kanister: 30 kg, 120 kg Container: 1000 kg

gewählt: ____

b) Berechnen Sie die benötigte Menge in kg.

c) Bestellen Sie die passende Anzahl an Gebinden.

6. Die gestrichelten Holzteile der Balkenlage im Bereich des Kamines müssen erneuert werden. Erstellen Sie die Holzbedarfsliste.

Angaben: Wechselbalken 14/20 cm
Wechsel 14/20 cm
Stichbalken 10/20 cm
Verbindungen Balkenschuh

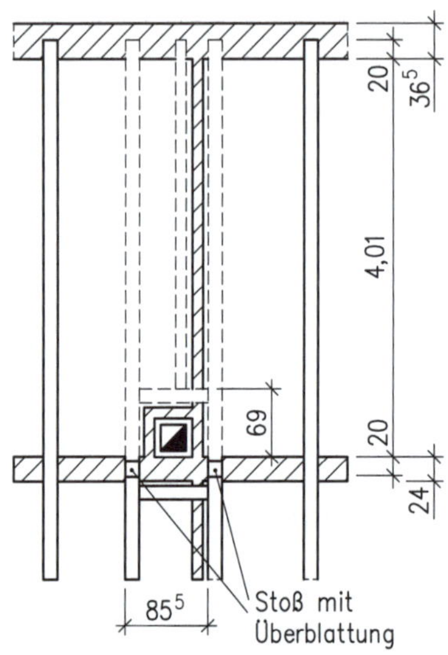

Bezeichnung	Stk.	Querschnitt (cm)	*L* (m)	$L_{ges.}$ (m)	m³
Wechselbalken		14/20			
				gesamt =	

7. Für die Sanierung des Hauses (Holzbauarbeiten) wurden vier Arbeiter für drei Wochen à 40 Std. eingeplant. Infolge von Verzögerungen müssen diese Arbeiten nun in zwei Wochen ausgeführt werden. Wie viele Stunden müssen fünf Mann pro Woche durchschnittlich arbeiten, damit dies möglich ist?

8. Für die Holzbauarbeiten wird insgesamt mit folgendem Materialaufwand gerechnet:

Schnittholz	2,5 m^3	→	280,00 €/m^3
Stahlteile	65 kg	→	2,50 €/kg
Holzschutzmittel	80 kg	→	12,50 €/kg
Verbindungsmittel			300,00 €

Berechnen Sie:

a) die Materialkosten:

b) die Selbstkosten:
Angaben:
Arbeitszeit: 480 Std. → Stundenlohn 17,50 €
Gemeinkostenzuschlag: → auf Material 15 %
→ auf Löhne 210 %

1.3.3 Technische Kommunikation

1. Fertigen Sie eine Freihandskizze (Perspektive) vom Haus der Familie Wagner. Verwenden Sie als Vorlage das eingangs dargestellte Foto.

2. An der Außenwand über dem Schlafraum ist ein weiteres Balkenauflager verfault. Skizzieren Sie die Anlaschung des Balkens als Lösungsmöglichkeit.

2 Dachtragwerke

2.1 Projekt: Wohnhauserweiterung für die Familie Zanker

Die Familie Zanker möchte ihr Wohnhaus vergrößern.
Herr Zanker nimmt deshalb Kontakt zu der ortsansässigen Zimmerei Holzmann auf, um sich eingehend beraten zu lassen.

2.1.1 Allgemeine Fragen und Aufgaben

Vorab erkundigt sich der Bauherr bei der Baubehörde, welche Dachformen laut Bebauungsplan zulässig sind.

1. Bezeichnen Sie die für den Erweiterungsbau möglichen Dachformen fachgerecht.

1
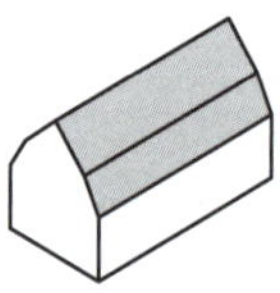

2
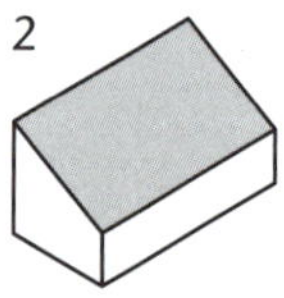

3
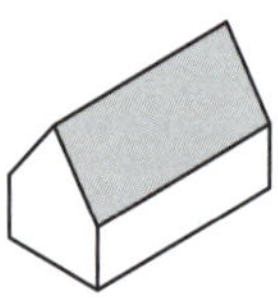

4
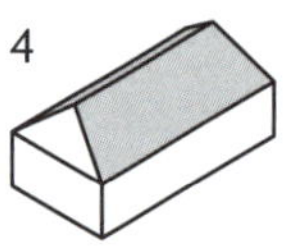

5
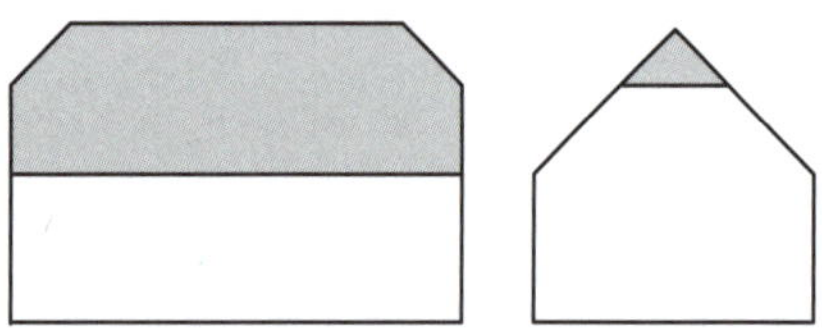

6
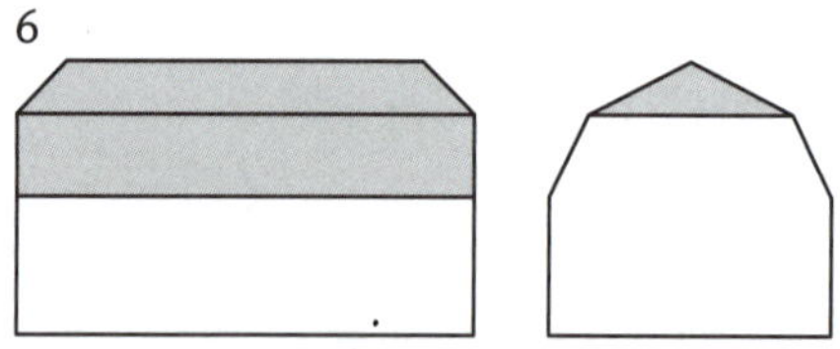

1. ______________________________
2. ______________________________
3. ______________________________
4. ______________________________
5. ______________________________
6. ______________________________

2. Benennen Sie die abgebildete Dachform; wie bezeichnet man die mit Ziffern gekennzeichneten Dachteile?

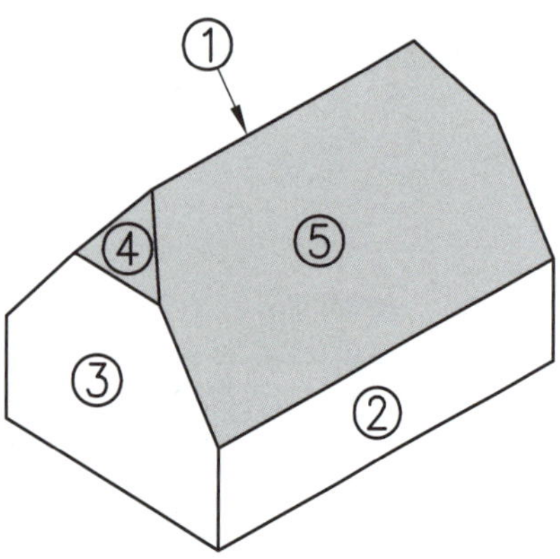

Dachform: ______________________________

Dachteile:
1. ______________________________
2. ______________________________
3. ______________________________
4. ______________________________
5. ______________________________

3. Benennen Sie die in der Dachausmittlung mit Ziffern gekennzeichneten Dachteile.

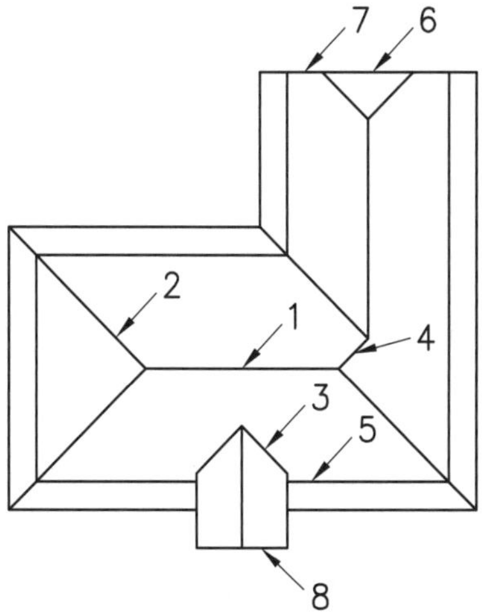

1. ______________________
2. ______________________
3. ______________________
4. ______________________
5. ______________________
6. ______________________
7. ______________________
8. ______________________

4. Die Entscheidung der Familie Zanker ist gefallen: Das Wohnhaus erhält ein Satteldach mit Krüppelwalm. Erklären Sie Herrn Zanker die folgenden Fachausdrücke.

Traufe: ______________________

Ortgang: ______________________

First: ______________________

5. Erläutern Sie, was man unter dem Begriff „Dachausmittlung" versteht.

____

____

____

6. Verdeutlichen Sie, wann als Dachverschneidungslinie eine Gratlinie entsteht.

____

____

____

7. Wann entsteht als Dachverschneidungslinie eine Kehllinie?

____

____

____

8. Zeigen Sie auf, wie bei gleich geneigten Dachflächen, bezogen auf die Nachbartrauflinien, die Grat- und Kehllinien in der Dachausmittlung verlaufen.

____

____

9. Welche Maße können der Dachausmittlung in wahrer Länge entnommen werden?

10. Beschreiben Sie die wesentlichen Merkmale eines Walmdachs.

11. Beschreiben Sie die Dachteile des Krüppelwalmdachs.

12. Erläutern Sie, wann eine steigende Traufe entsteht.

13. Wann kann eine fallende bzw. steigende Firstlinie entstehen?

14. Wie kann eine windschiefe Dachfläche entstehen?

15. Zur Ermittlung der Maße und Winkel einzelner Konstruktionsteile sind das Anbauprofil und das Anbauflächenprofil erforderlich.

Geben Sie an,

a) welche Umrisskanten zum Anbauprofil gehören.

b) welche Umrisskanten zum Anbauflächenprofil gehören.

2.1.2 Zimmermannsmäßige Dachkonstruktionen

Zimmermeister Holzmann berät den Bauherrn bei der Auswahl der Dachkonstruktion. Im Verlauf des Fachgesprächs werden auch Alternativlösungen diskutiert. Sie sollen dabei dem Bauherrn die wesentlichen Unterschiede sowie die Prinzipien und Konstruktionsgrundsätze der möglichen Dachkonstruktionen verdeutlichen.

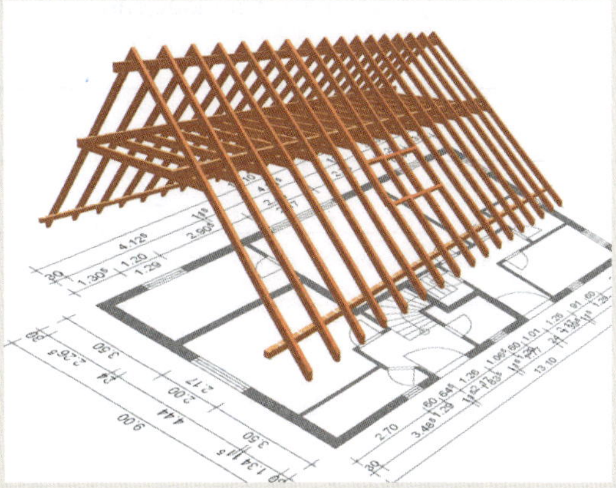

1. Welche Dachtragwerke können grundsätzlich für die Konstruktion von Dachstühlen bei Wohnhäusern verwendet werden?

2. Welche Bedingungen bestimmen die Wahl des Dachtragwerks?

3. Erläutern Sie das Konstruktionsprinzip eines Pfettendachstuhls.

4. Erklären Sie, wie bei einem zweifach stehenden Pfettendachstuhl die Aussteifung in Querrichtung erfolgt. Erläutern Sie zwei Varianten mithilfe von Skizzen.

   1.

   2.

5. Beschreiben Sie, wie bei einem Pfettendachstuhl die Längsaussteifung erreicht werden kann.

6. Bis zu welcher freien Sparrenlänge sollte man einen einfach stehenden Pfettendachstuhl ausführen?

7. Stellen Sie die Vorteile eines Pfettendachstuhls dar.

8. Beschreiben Sie das Konstruktionsprinzip eines Sparrendachs.

9. Verdeutlichen Sie die Problematik am Fußpunkt eines Sparrendachs, wenn die Dachneigung zu klein wird.

10. Erklären Sie dem Bauherrn, auf welche Weise der Sparren eines Gespärredachs am Fußpunkt an der Decke angeschlossen werden kann.

Anschluss an eine Holzbalkenlage:

Anschluss an eine Stahlbetondecke:

11. Geben Sie auch an, wie die Sparren eines Sparrendachs am Firstpunkt verbunden werden können.

-
-
-
-

12. Welche Möglichkeiten kennen Sie, um ein Sparrendach in der Längsrichtung auszusteifen?

13. Erläutern Sie das Konstruktionsprinzip eines Kehlbalkendachs.

14. Beschreiben Sie Herrn Zanker konstruktive Möglichkeiten, wie die Kehlbalken mit den Sparren verbunden werden können.

Kehlbalken als Vollholz:

Kehlbalken als Zange:

15. Welche weitere Möglichkeit der Längsaussteifung gibt es bei Kehlbalkendächern gegenüber den einfachen Sparrendächern?

16. Beschreiben Sie die Aufgaben der Futterhölzer bei einem zweiteiligen Kehlbalken.

17. Erläutern Sie die Vorteile eines Gespärredachs.

18. Begründen Sie, warum Gespärredächer bei großen Ortgangversprüngen als Dachkonstruktion nicht geeignet sind.

19. Präzisieren Sie den Fachbegriff „Gratsparren".

20. Erläutern Sie, was unter einem „Gratschifter" zu verstehen ist.

21. Welchen Sinn hat die genaue Bestimmung der Gratsparrenhöhe?

22. Ermitteln Sie, im Maßstab 1:20, in der unten stehenden Skizze die Mindesthöhe des Gratsparrens bei einer Normalsparrenhöhe von 18 cm, sodass an seiner Unterseite kein Schifter übersteht.

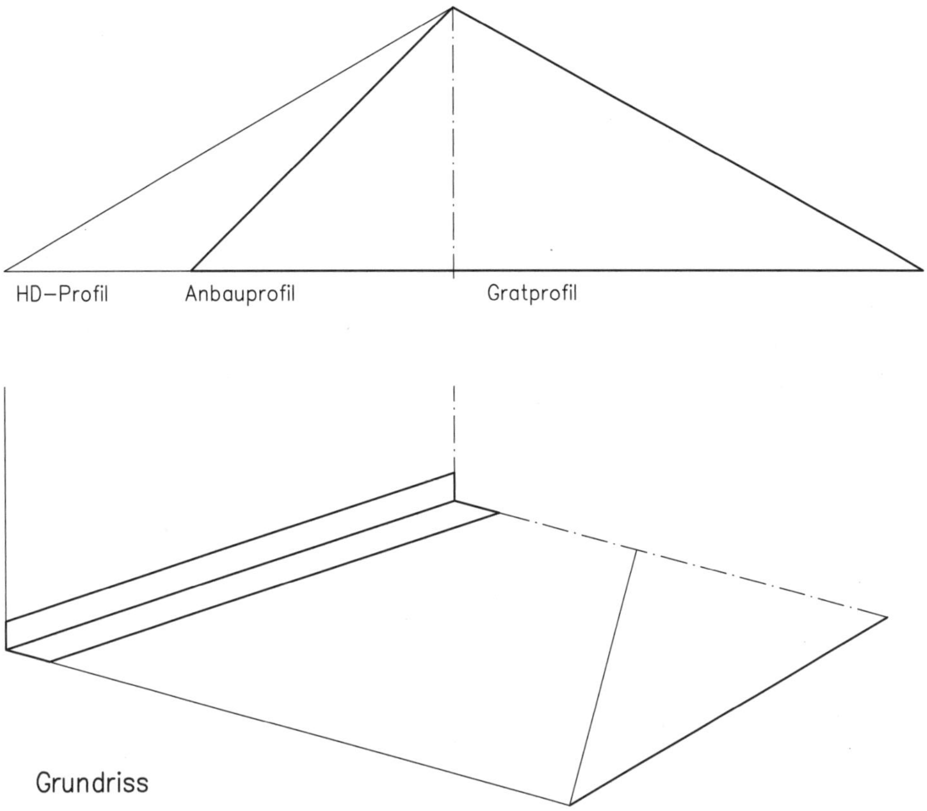

23. Zeigen Sie auf, in welchem Fall die Gratlinie nicht in der Mitte der Gratsparrenbreite liegen kann.

24. Führen Sie in dem unten gezeigten Beispiel die Gratgrundverlegung durch, wenn die Gratsparrenbreite 14 cm beträgt und im Maßstab 1:20 gezeichnet werden soll.

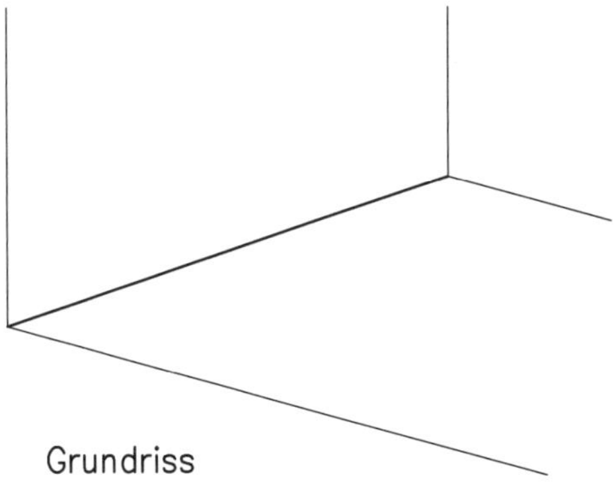

Dachtragwerke

25. Ermitteln Sie die Lage des Gratsparrens im Grundriss, wenn die Normalsparrenhöhe auf beiden Dachseiten 18 cm und die Gratsparrenbreite 16 cm betragen. Eine zusätzliche Bedingung ist, dass an beiden Gratsparrenaußenseiten die Gratsparrenunterkante genau mit der Schifterunterkante fluchten soll.

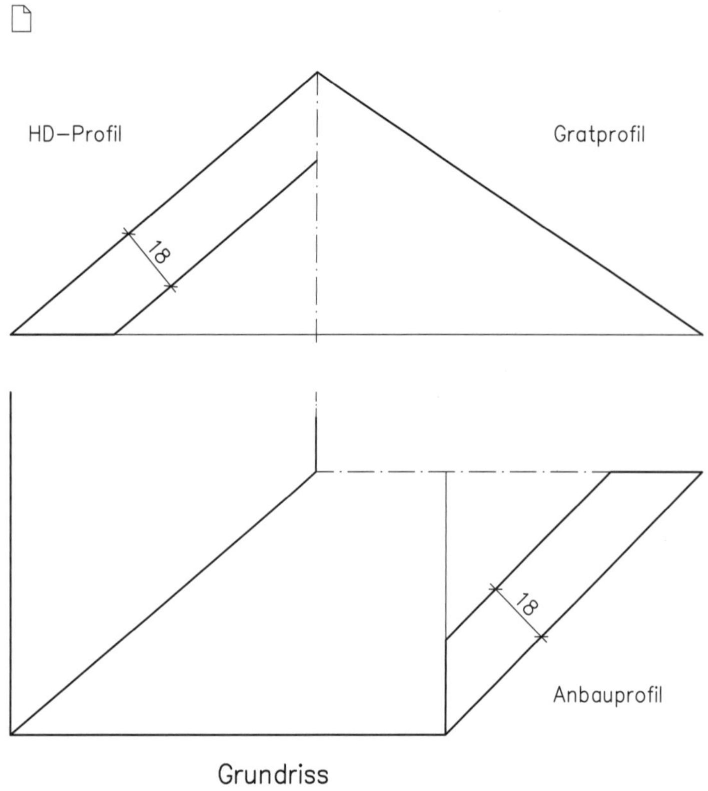

26. Präzisieren Sie den Fachbegriff „Kehlsparren".

27. Erläutern Sie, was unter einem „Kehlschifter" zu verstehen ist.

28. Wann sollte ein Kehlklauenschifter angeordnet werden?

29. Erklären Sie den Fachbegriff „Hexenschnitt".

30. Ermitteln Sie zeichnerisch die beiden Hexenschnitt-Urrichtungen.

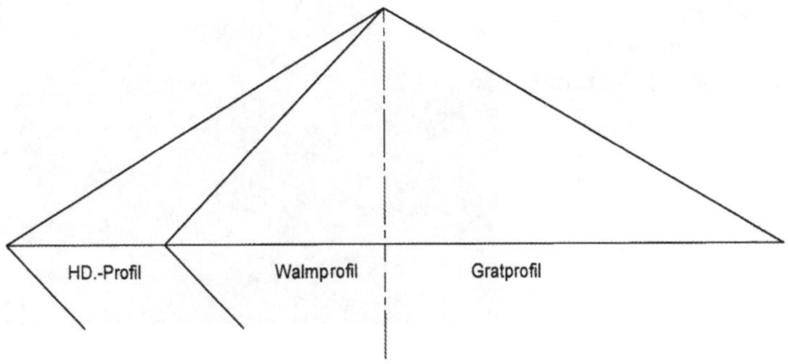

31. Erläutern Sie den Begriff „Strahlenschifter" (eventuell Skizze).

32. Wann sollte ein Strahlenschifter angeordnet werden?

33. a) Zeigen Sie auf, welche Varianten es beim Strahlenschifter gibt.
b) Erläutern Sie, wie die jeweiligen Hölzer ausgetragen werden.

a)

b)

34. Beurteilen Sie die beiden möglichen Varianten der Strahlenschifter im Hinblick auf einen wirtschaftlichen Abbund.

2.1.3 Werkstofftechnik und Materialbedarf

Um die Dachform eindeutig bestimmen zu können, werden Sie von Zimmermeister Holzmann beauftragt, die Dachausmittlung durchzuführen.

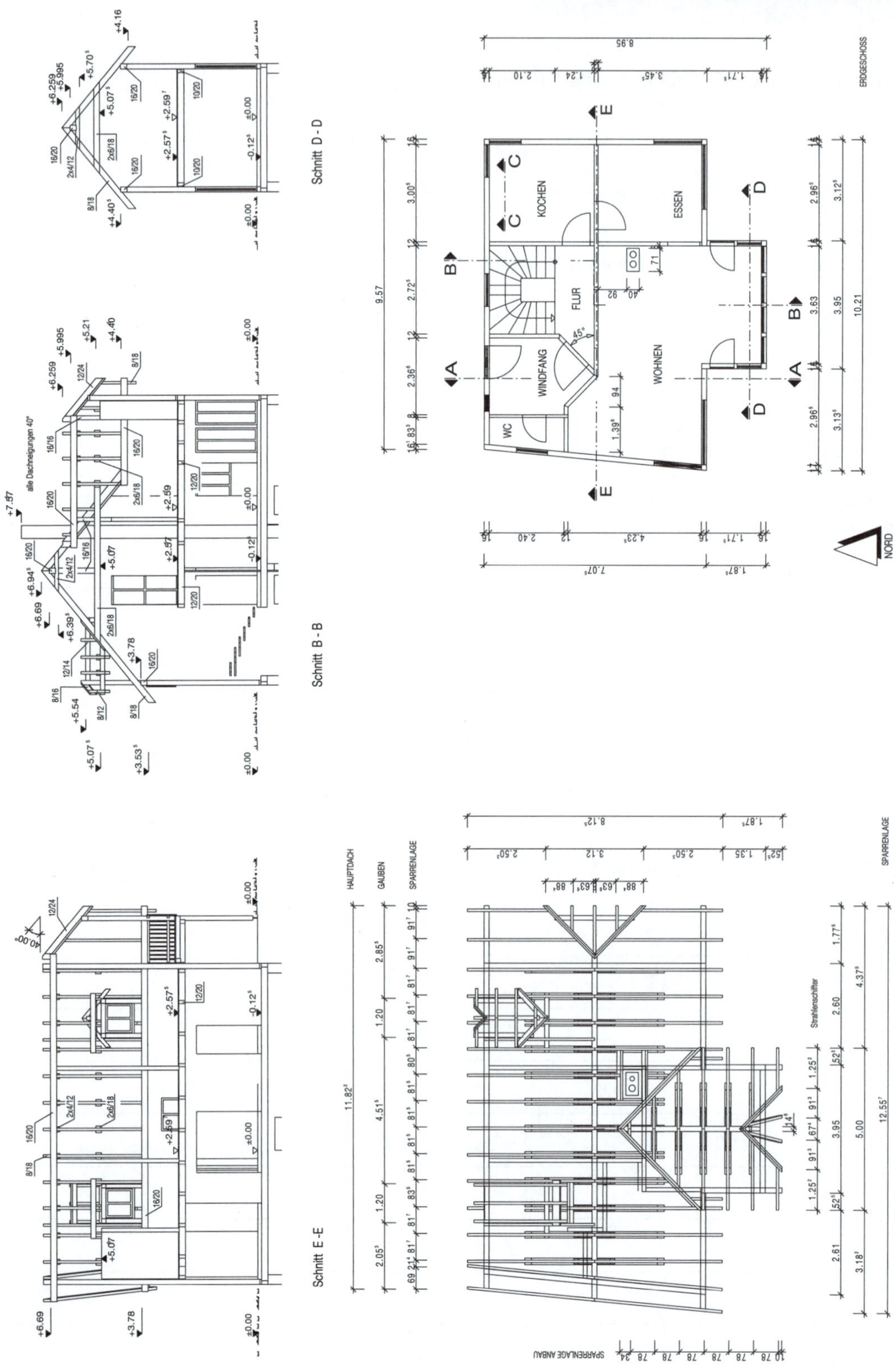

AUSZUG AUS DER PLANMAPPE

Vergrößerte Darstellung aus der Planmappe von S. 66

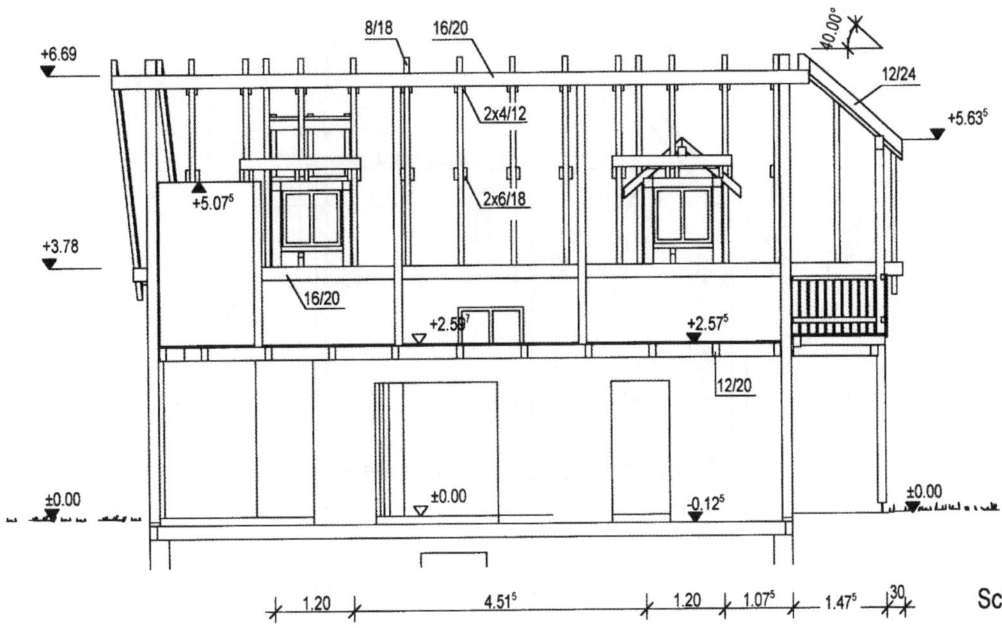

Schnitt E-E

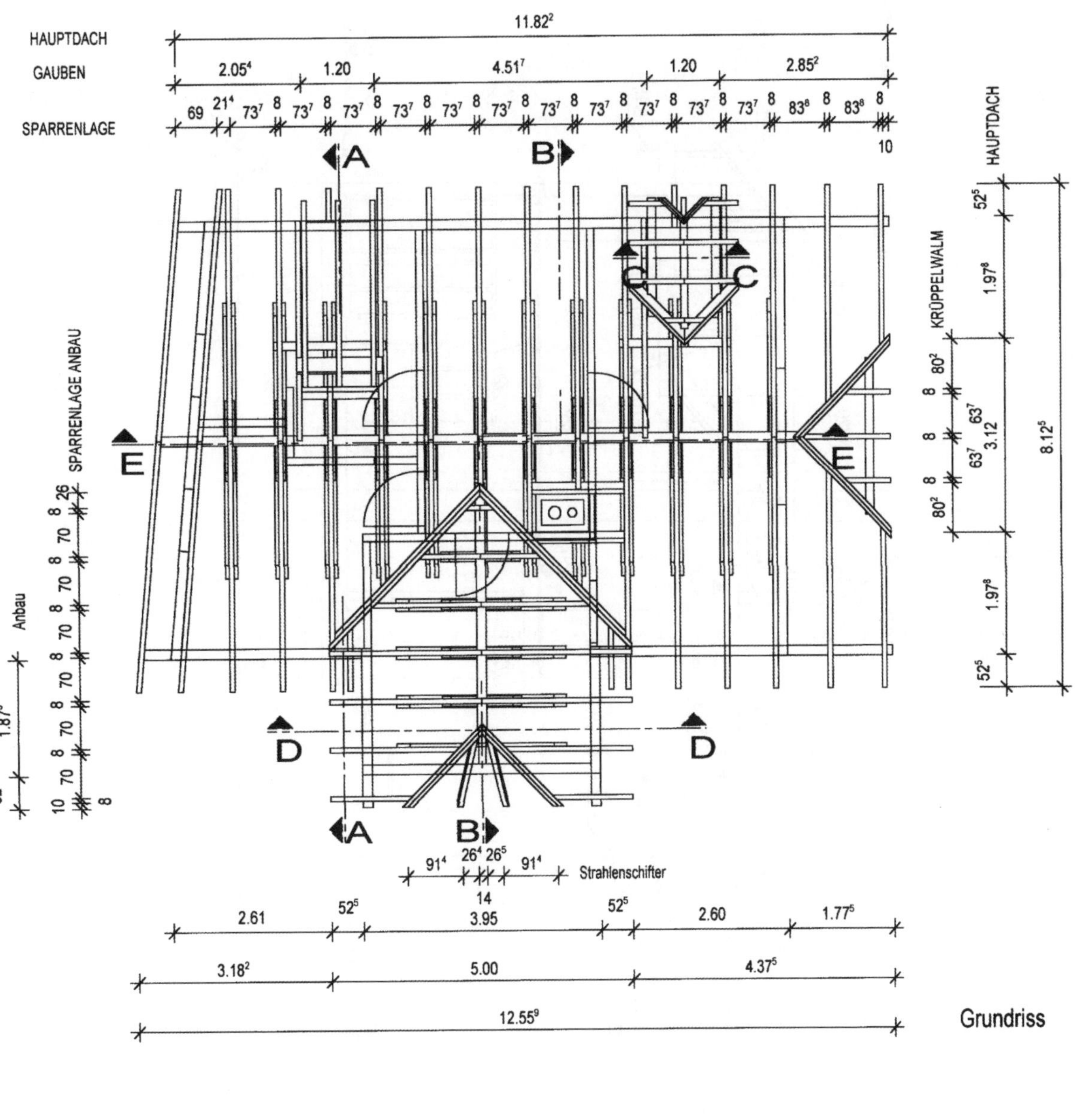

Grundriss

Vergrößerte Darstellung aus der Planmappe von S. 66

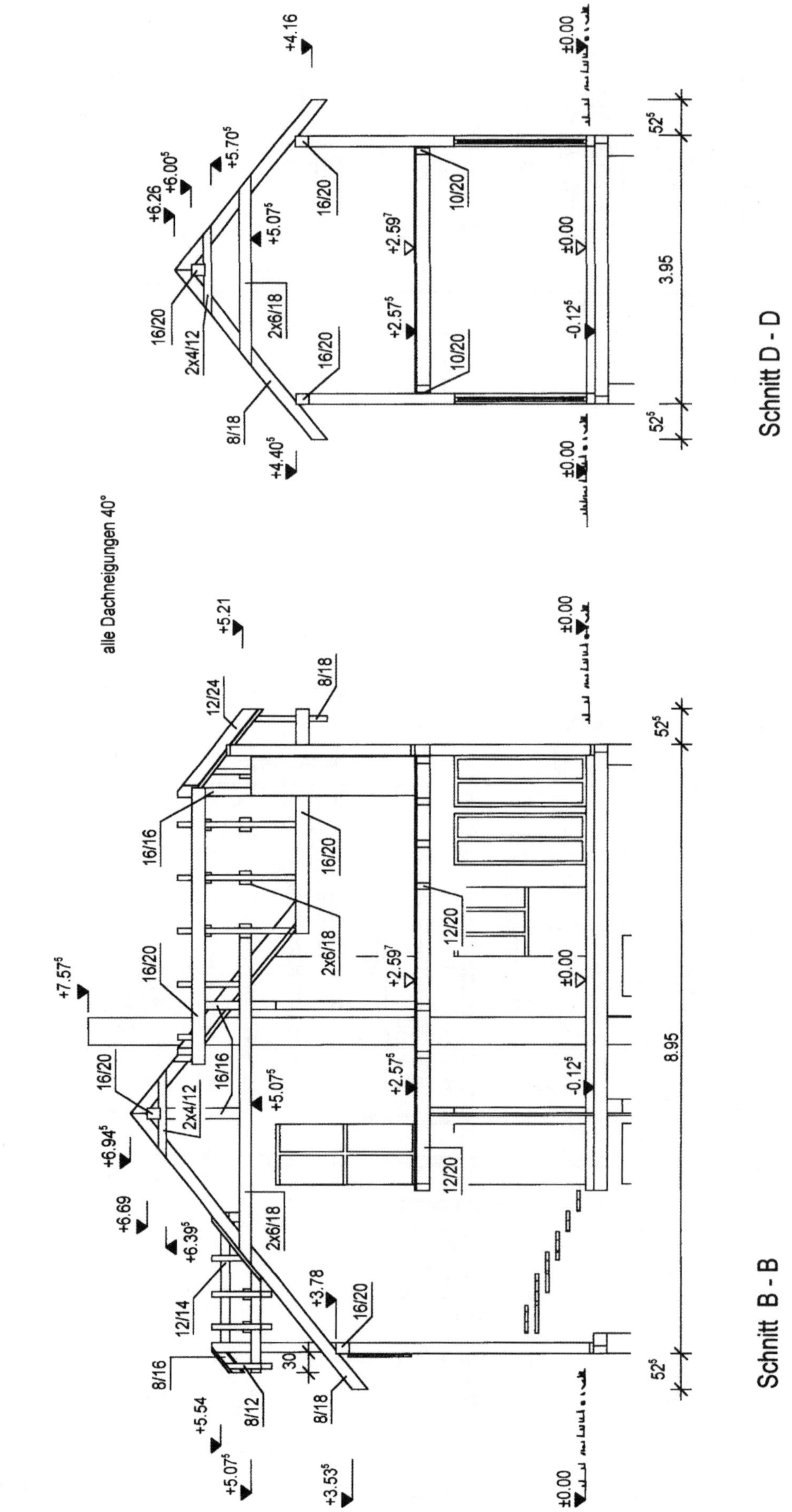

1. Zeichnen und erläutern Sie die Dachausmittlung für das Anbaugebäude der Familie Zanker.

   a) Übertragen Sie auf ein DIN-A4-Zeichenblatt – im Maßstab 1:66 – die Hauptdachhälfte, in die der Anbau einbindet, laut beigelegter Bauzeichnung.

   b) Führen Sie in dem übertragenen Teilgrundriss die Dachausmittlung durch, unter Beachtung der Dachneigung und der entsprechenden Traufenhöhen.

   c) Ermitteln Sie die wahre Größe der rechten Anbau- und der Krüppelwalmfläche.

   d) Beschriften und bemaßen Sie die Zeichnung.

2. Damit Sie die später zu erstellenden Abbundpläne auf deren Richtigkeit überprüfen und kontrollieren können, sollen Sie nun einzelne Konstruktionsmaße ermitteln. Berechnen Sie für den unten dargestellten Kehlsparren die folgenden Abbundwerte.
Anmerkung: Alle notwendigen Maße sind den beiliegenden Bauzeichnungen zu entnehmen.

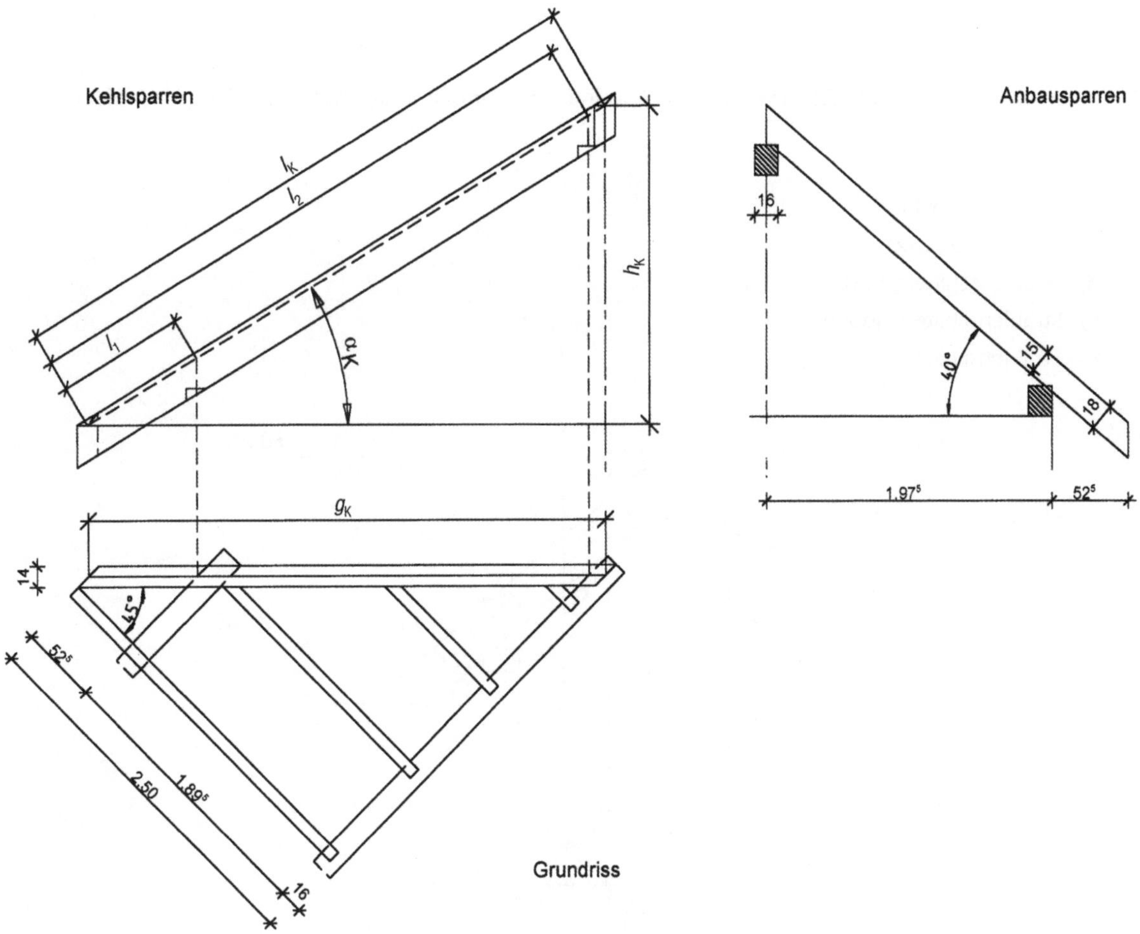

a) Profilhöhe h_K
b) Kehlgrundmaß g_K
c) Kehlneigung α_K
d) Kehllinienlänge l_K
e) Neigungsmaß l_1
f) Neigungsmaß l_2
g) senkrechtes Obholz
h) winkelr. Überhöhungsmaß
i) Kervenbackenschmiege ε_K

3. Ermitteln Sie die Mindesthöhe des Kehlsparrens, wenn der Kehlschifter 18 cm hoch ist, die Neigung des Schifters 40° und die Neigung des Kehlsparrens 30,682° beträgt.

   a) Bestimmen Sie die Höhe des Kehlsparrens, in Abhängigkeit zur Schifterhöhe, nach der zeichnerischen Methode im Maßstab 1:20.

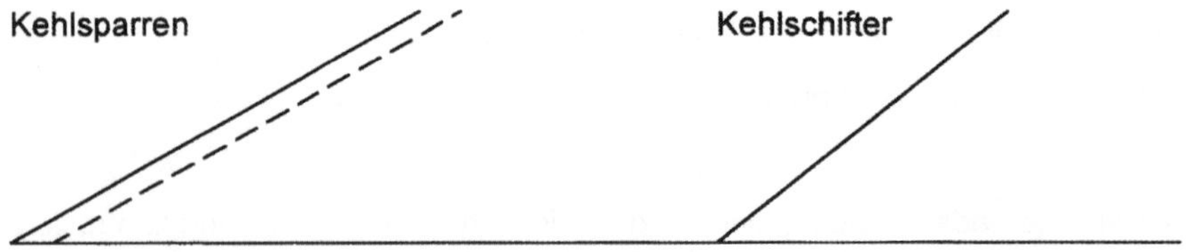

   b) Überprüfen Sie Ihr Ergebnis durch die Berechnung der Höhe des Kehlsparrens.

4. Berechnen und erläutern Sie die folgenden Abbundwerte für den Strahlenschifter (siehe nachfolgende Abbildung).

   a) S-Schiftergrundwinkel
   b) S-Schifterprofilhöhe
   c) Höhenkote (x.xx)
   d) Strahlenschiftergrund
   e) Strahlenschifterneigung
   f) Strahlenschifterlänge

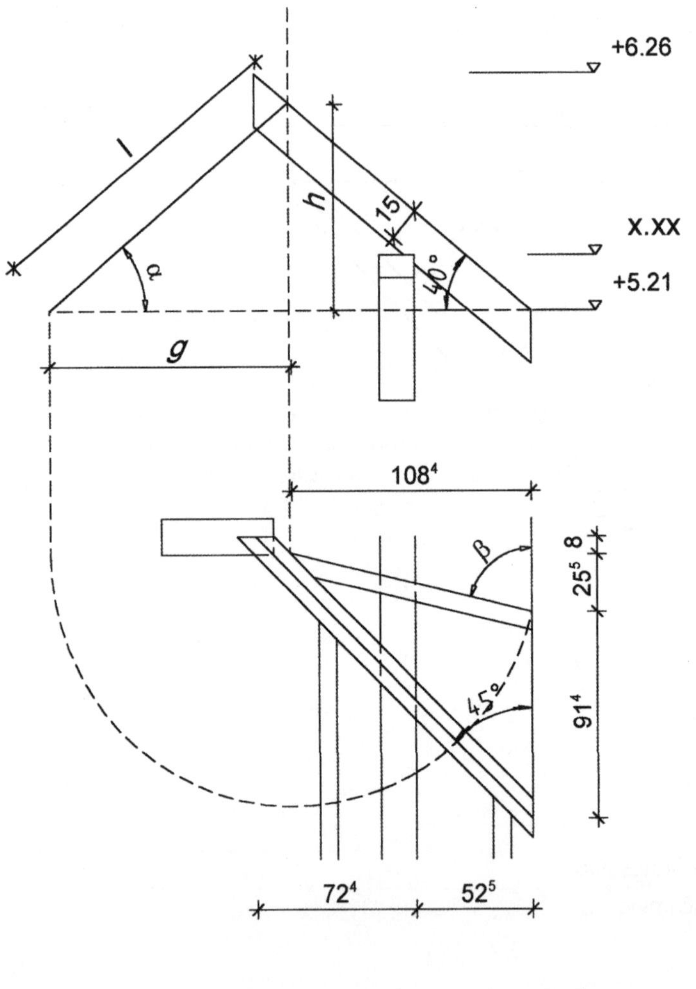

5. Erläutern Sie die Möglichkeiten zur Ermittlung der Schifterlänge.

– ______________________________

– ______________________________

– ______________________________

6. Sie haben sich für die „Flächenmethode" entschieden:

a) Übertragen Sie auf ein DIN-A4-Zeichenblatt, im Maßstab 1:33,3, die linke Seite des Anbaugrundrisses und das Anbauprofil.

b) Klappen Sie das Flächenprofil mit der Sparrenschicht nach außen, wobei die Trauflinie als Klappachse (Drehachse) verwendet werden soll.

c) Ermitteln Sie in der Ausklappung die Länge der Schifter und des Sparrens, einschließlich der Abschnitte an First und Traufe.

d) Konstruieren Sie den Anschnitt der Schifter am Kehl- und Gratsparren.

e) Bemaßen Sie den Sparren und die Kehlschifter an der längeren Seite, gültig für die Sparrenoberseite und den Flächenwinkel zwischen AK-Sparren und AK-Kehlsparren.

f) Überprüfen Sie die Länge der Kehlschifter mittels Austragung.

7. Die Vorbereitungen zum Abbund sind abgeschlossen. Es fehlen nur noch die notwendigen Flächenberechnungen für die Bestellung der Dachschalung bzw. der Dachziegel.
Berechnen Sie:

a) die Anbautraufenlänge (g_{TA}),

b) die Höhenkote des Anbaufirsts (h_{Fi}),

c) die Anbaufirstlänge (g_{Fi}),

d) die Krüppelwalmneigungslänge (l_{KW}),

e) die gesamte Dachfläche des Anbaugebäudes.

(siehe nachfolgende Abbildung)

a)

b)

c)

d)

e)

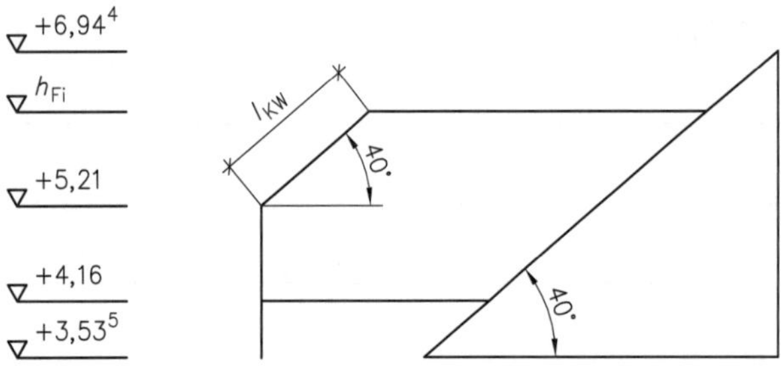

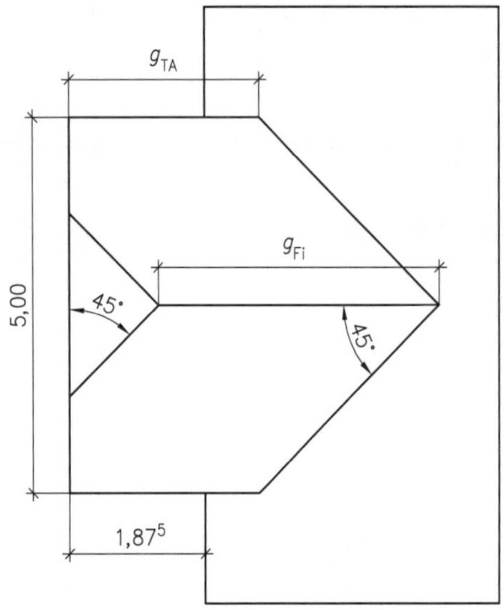

8. Für das Abbinden und Aufrichten der Dachverbandhölzer kalkuliert Ihr Meister 0,35 Std./lfm.

   a) Wie hoch ist Ihr Lohnanteil für insgesamt 425 lfm Dachverbandhölzer, wenn der Stundenlohn eines Zimmerers vom Betrieb mit 37,65 € angesetzt wird?

   b) Wie hoch ist der Lohnanteil in Euro je lfm Dachverbandholz?

9. Bei einer anderen Abbundmaßnahme erhielten ein Vorarbeiter mit einem Lohn von 19,25 €/Std., zwei Zimmergesellen mit je einem Lohn von 17,50 €/Std. und ein Bauwerker mit einem Lohn von 14,50 €/Std. zusammen 8 320,00 € für den Abbund als Leistungslohnarbeit.
   Wie viel Euro erhielt jeder brutto, wenn der Vorarbeiter 84 Stunden, der Geselle „A" 76 Stunden, der Geselle „B" 64 Stunden und der Bauwerker 56 Stunden einbrachte, und der Lohn für die Leistungslohnarbeit im Verhältnis der Stundenlöhne aufgeteilt wurde?

   a) Berechnung der Lohnanteile:

b) Berechnung der anteiligen Löhne:

2.1.4 Bauphysikalische Grundlagen

Die Familie Zanker möchte sich von Ihnen beraten lassen, wie sie einen guten Wärmeschutz für das Dach ihres Umbaus erreichen kann.

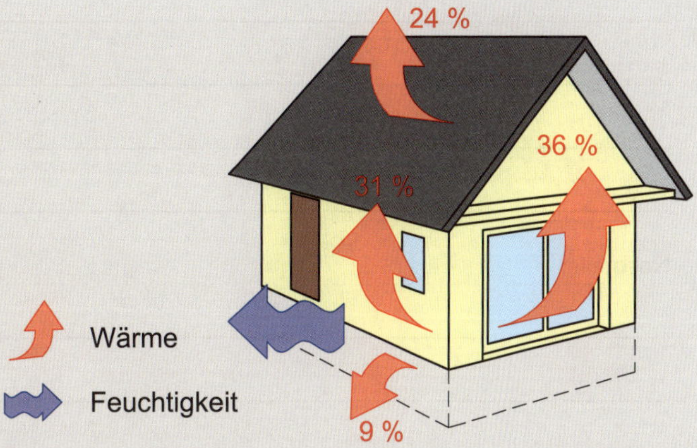

1. Erklären Sie dem Bauherrn, welche prinzipiellen Möglichkeiten es gibt, Dächer zu dämmen.

2. Erläutern Sie die Vorteile einer Vollsparrendämmung.

3. Erklären Sie, was man unter einem belüfteten Dach (Kaltdach) versteht.

4. Welche Vor- bzw. Nachteile hat ein belüftetes Dach?

Vorteile:

Nachteile:

5. Welche Aufgaben erfüllt die Luftdichtung bei Holzkonstruktionen?

6. Auf welche Weise wird die Luftdichtheit nachgewiesen?

7. Welche bauphysikalischen Konstruktionsprinzipien sollen beim Dachaufbau nicht belüfteter Dachkonstruktionen berücksichtigt werden?

8. Worauf ist bei belüfteten Dachkonstruktionen zu achten?

9. Warum gibt es in der DIN 4108-2 Anforderungen an den Mindestwärmeschutz?

10. Warum stellt die DIN 4108 Anforderungen an den Wärmeschutz von Wärmebrücken?

11. Um vergleichbare Zahlenangaben zum Wärmeschutz des Daches zu erhalten, sollen Sie den mittleren *U*-Wert für unterschiedliche Dachaufbauten berechnen.

Ein Dach mit Aufdachdämmung hat folgenden Schichtenaufbau von innen nach außen:

Sparren 8/16 cm mit Achsabstand von $e = 70$ cm,
24 mm Holzschalung, Bitumenbahn V 13,
180 mm Mineralfaserplatten WLG 040 mit oberseitiger, diffusionsoffener Kaschierung,
Luftlattung 40/80 mm,
Dachlattung 24/48 mm,
Dacheindeckung

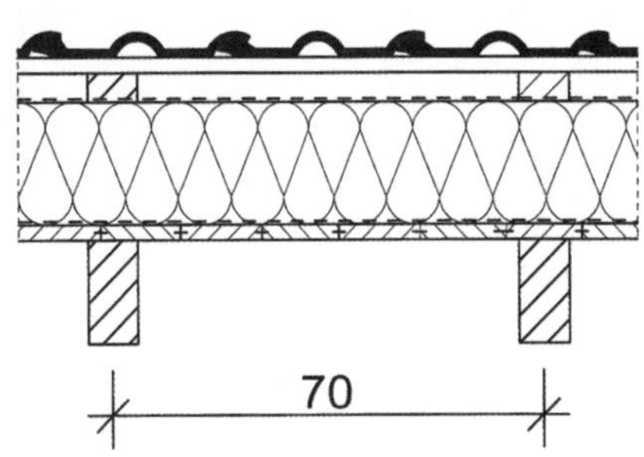

Bemessungswerte der Wärmeleitfähigkeit:

Holz $\lambda = 0{,}13$ W/mK
Mineralfaser $\lambda = 0{,}040$ W/mK

Übergangswiderstände: $R_{si} = 0{,}10$ m²K/W $= R_{se}$

Berechnen Sie die Wärmedurchlasswiderstände und den *U*-Wert der Dachkonstruktion.

12. Für ein ausgebautes Dachgeschoss wird folgender Dachaufbau vorgeschlagen:

Dachdeckung

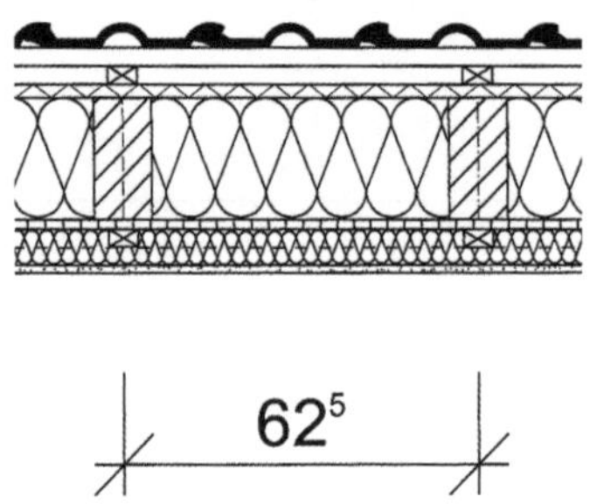

Lattung 3/5 cm
Konterlattung 3/5 cm
22 mm Holzfaserplatte
20 cm Faserdämmstoff
16 mm OSB-Platte
Lattung 3/5 cm
Querlattung 3/5 cm *e* = 35 cm
6 cm Faserdämmstoff
Gipskarton 2 x 12,5 mm
Sparren 10/20 cm

Bemessungswerte der Wärmeleitfähigkeit:

Holz	$\lambda = 0{,}13$ W/mK
Faserdämmstoff	$\lambda = 0{,}035$ W/mK
Holzfaserplatte	$\lambda = 0{,}07$ W/mK
OSB-Platte	$\lambda = 0{,}15$ W/mK
Gipskarton	$\lambda = 0{,}21$ W/mK

Übergangswiderstände: $R_{si} = 0{,}10$ m²K/W = R_{se}

Hinweis: Die Querlattung in der Installationsebene braucht nicht berücksichtigt zu werden. Es soll nur der obere Grenzwert $R_T{'}$ berechnet werden, ohne Berücksichtigung von Querleitungseffekten.

Flächenanteile:

Gefach: ______________________

Sparren ohne Längslattung: ______________________

Sparren mit Längslattung: ______________________

Wärmedurchlasswiderstände und *U*-Werte:

2.1.5 Technische Kommunikation

Zimmermeister Holzmann hat mithilfe seines Abbundprogramms die Abbundpläne erstellt und übergibt sie Ihnen, damit Sie den Abbund durchführen können.

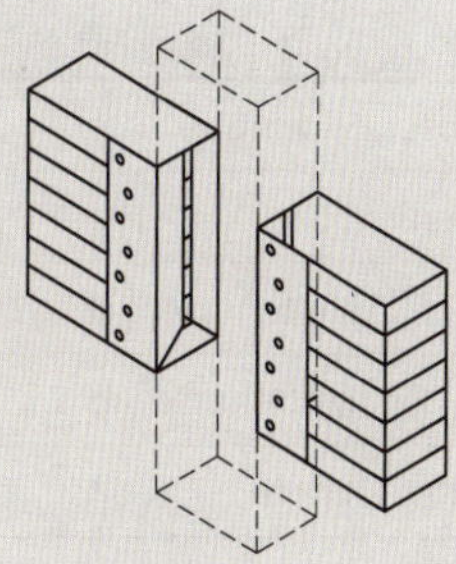

1. Zur Vorbereitung für den Abbund des Gratsparrens übertragen Sie die Maße aus den Abbundzeichnungen in die folgende Tabelle.

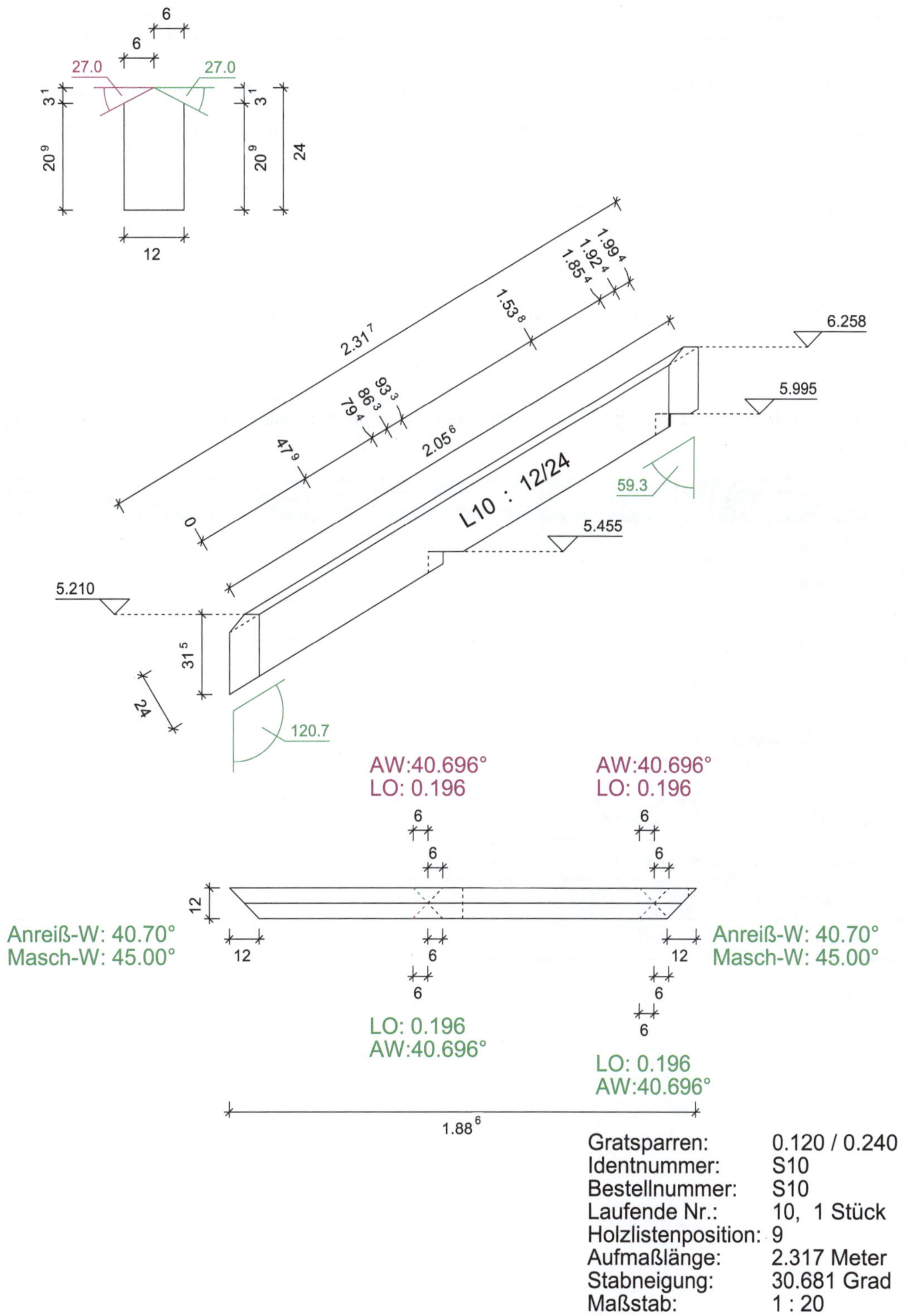

Abbundwerte	
Gratsparrenneigung	
Gratlinienlänge	
Traufe – Fußpfettenursenkel	
Traufe – Firstpfettenursenkel	
Lotrechtes Obholz	
Kervenverstichmaß	
Kervenbackenschmiege – Pfettenwinkel –	
Gratsparrenaufmaßlänge	
Gratsparrenquerschnitt	

2. Der linke Gratsparren im Anbaukrüppelwalm ist von Ihnen zur weiteren Arbeitsvorbereitung auszutragen.
   a) Übertragen Sie das Krüppelwalmprofil und den Teilgrundriss im Maßstab 1:20 auf ein DIN-A4-Zeichenblatt.
   b) Tragen Sie den Gratsparren als linkes Profil aus, wobei die Firstpfettenkerve als Schleifkerve ausgebildet werden soll.
   c) Beschriften und bemaßen Sie die Zeichnung.
   d) Überprüfen bzw. vergleichen Sie Ihren ausgetragenen Gratsparren mit der Abbundzeichnung.

3. Zur Vorbereitung für den Abbund des Kehlsparrens übertragen Sie die Maße aus den Abbundzeichnungen in die folgende Tabelle.

Abbundwerte	
Kehlsparrenneigung	
Kehllinienlänge	
Traufe – Fußpfettenursenkel	
Traufe – Firstpfettenursenkel	
Traufe – Fußpfettenwaageriss	
Traufe – Firstpfettenwaageriss	
Lotrechtes Obholz	
Kervenverstichmaß	
Kervenbackenschmiege – Pfettenwinkel –	
Kehlsparrenaufmaßlänge	
Kehlsparrenquerschnitt	

zu 3.

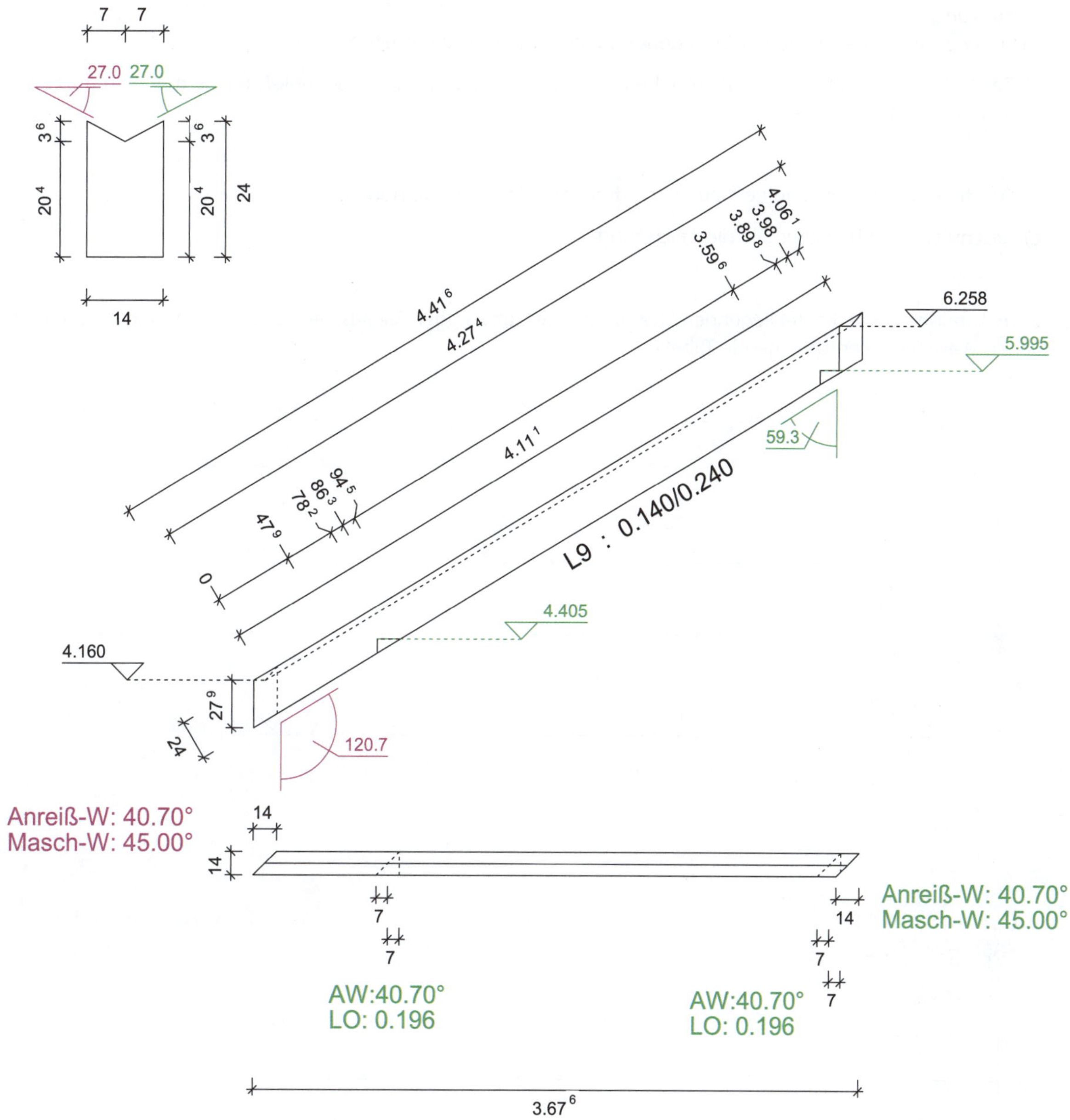

Kehlsparren:	0.140 / 0.240
Identnummer:	S10
Bestellnummer:	S10
Laufende Nr.:	9, 1 Stück
Holzlistenposition:	8
Aufmaßlänge:	4.416 Meter
Stabneigung:	30.682 Grad
Maßstab:	1 : 33.3

4. Es wird erwogen, den Kehlsparren nicht höher zu legen und damit nicht auszukehlen. Der nun notwendige Kehlklauenschifter ist zeichnerisch zu ermitteln.

   Anmerkung:
   Die notwendigen Maße sind der beiliegenden Bauzeichnung zu entnehmen.

   a) Zeichnen Sie auf einem DIN-A4-Zeichenblatt das Anbauprofil und den Teilgrundriss mit dem kürzesten Schifter im Maßstab 1:10.

   🗋

   b) Ermitteln Sie die notwendige Klaue nach drei verschiedenen Methoden.

   c) Beschriften und bemaßen Sie die Zeichnung.

5. Zum Anreißen des verkantet liegenden Strahlenschifters übertragen Sie aus der Abbundzeichnung die erforderlichen Werte in die entsprechende Tabelle.

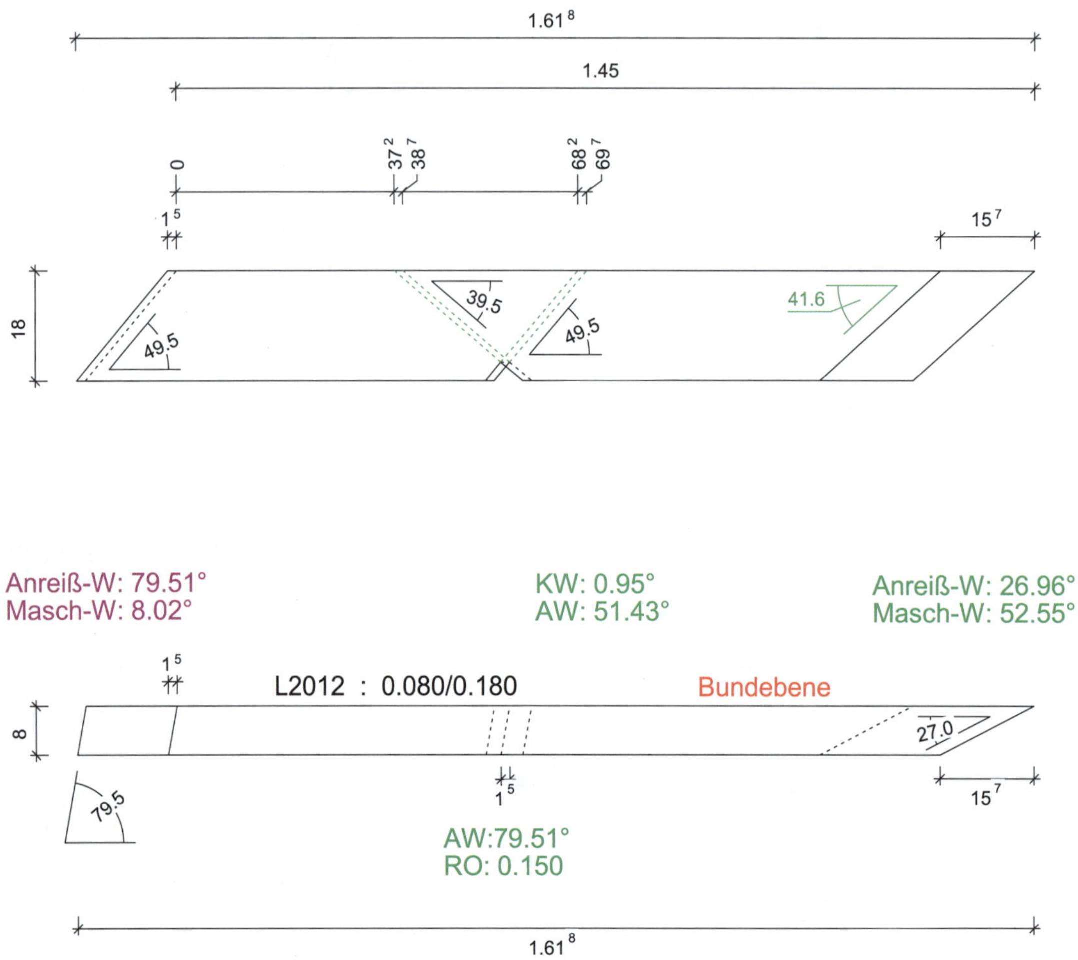

Schr.verk.Sparren:	0.080 / 0.180
Identnummer:	S10
Bestellnummer:	S10
Laufende Nr.:	2012, 1 Stück
Holzlistenposition:	8
Aufmaßlänge:	1.618 Meter
Stabneigung:	39.5 Grad
Maßstab:	1 : 10

Abbundwerte an der Bundebene	
Strahlenschifterlänge	
Traufe – Fußpfettenwaageriss	
Traufe – Fußpfettensenkelriss	
Kervenverstichmaß	
Backenverstichmaß	
Winkelrechtes Obholz	
Strahlenschifterwaageschmiege	
Strahlenschiftersenkelschmiege	
Abschnittsschmiege am Gratsparren	
Schifterbackenschmiege	
Kervenbackenschmiege	
Strahlenschifteraufmaßlänge	
Strahlenschifterquerschnitt	

6. Der verkantet liegende Strahlenschifter ist zeichnerisch darzustellen.

   a) Übertragen Sie auf ein DIN-A4-Zeichenblatt das Krüppelwalmprofil und den notwendigen Teilgrundriss im Maßstab 1:16,6.

   b) Klappen Sie die Krüppelwalmdachfläche mit der Sparrenschicht nach außen, wobei die Krüppelwalmtraufe gleichzeitig die Klappachse sein soll.

   c) Konstruieren Sie für den ausgeklappten Strahlenschifter die Kerve und die Abschnittrichtungen.

   d) Ermitteln und zeichnen Sie den aufgekanteten Strahlenschifter.

   e) Beschriften und bemaßen Sie die Zeichnung.

   f) Vergleichen Sie die Maße Ihrer Zeichnung mit den Abbundwerten in der obigen Tabelle.

2.2 Projekt: Abbundhalle für eine Zimmerei

Die Firma Holzmann möchte den Holzhausbau ausweiten und plant daher eine Vergrößerung der vorhandenen Abbundhalle.

2.2.1 Allgemeine Fragen und Aufgaben

Sie interessieren sich für die technischen Möglichkeiten, wie das Dachtragwerk ausgeführt werden kann.

1. Was versteht man im Dachstuhlbau unter der Bezeichnung „Binder"?

____

____

2. Nennen Sie zimmermannsmäßige Binderkonstruktionen.

____

____

3. Welche Binderarten werden im Ingenieurholzbau eingesetzt?

____

____

4. Geben Sie die Bezeichnung der dargestellten Binderformen an.

A

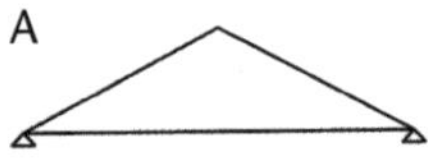

B

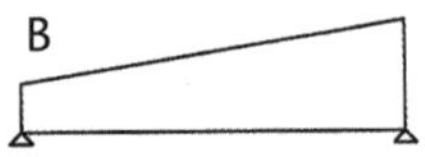

C

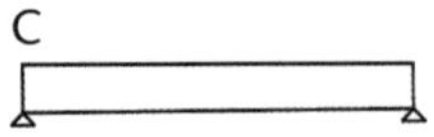

D

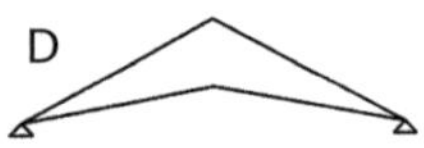

A: ______________________

B: ______________________

C: ______________________

D: ______________________

5. Erläutern Sie die Vor- bzw. Nachteile von Fachwerkbindern.

Vorteile:

____

____

Nachteile:

____

____

6. Die Bezeichnung der Fachwerkstäbe erfolgt nach der Lage im Fachwerk und nach der aufzunehmenden Stabkraft. Erläutern Sie diese Bezeichnungen.

a) Nach der Lage im Fachwerk:

– ____________________ – ____________________

– ____________________ – ____________________

b) Nach der aufzunehmenden Kraft:

– ____________________ – ____________________

– ____________________

7. Welche Bauweisen sind in den nachfolgenden Zeichnungen dargestellt?

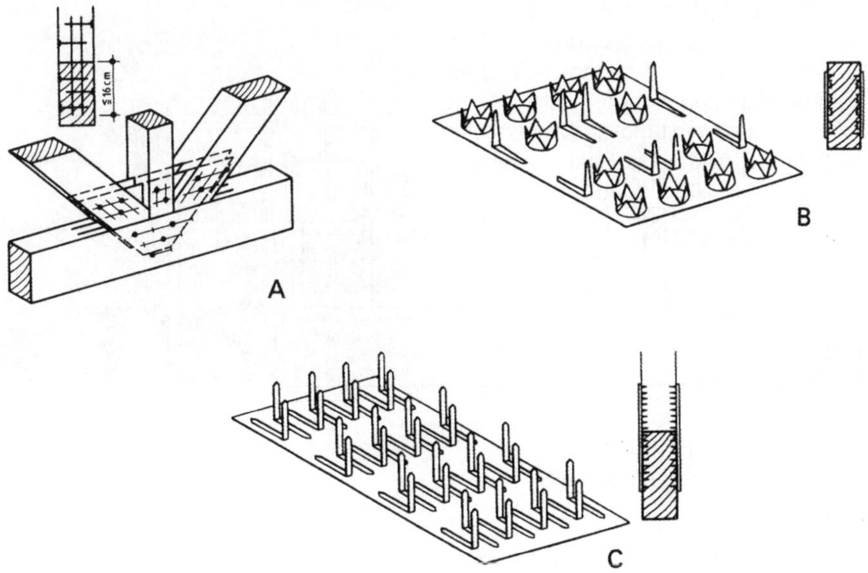

A: ______________________________

____

____

B: ______________________________

____

____

C: ______________________________

____

____

8. Geben Sie die Bezeichnungen der dargestellten Trägerbauarten an.

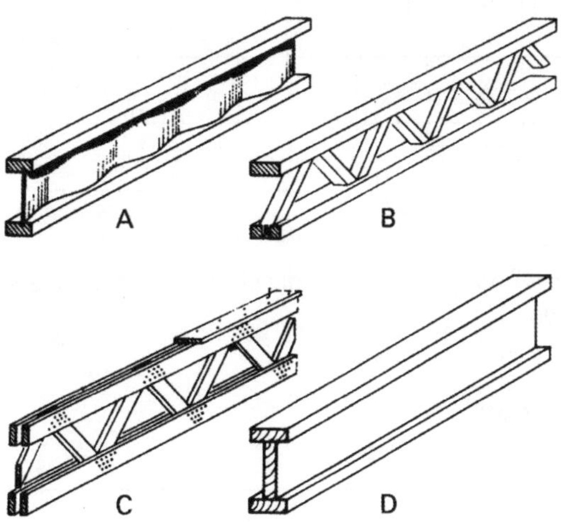

A: ______________________________

____

B: ______________________________

____

C: ______________________________

____

D: ______________________________

____

2.2.2 Zimmermannsmäßige Binderkonstruktionen

Bei der Besichtigung der Abbundhalle stellen Sie fest, dass die Dachkonstruktion der bestehenden Halle eine zimmermannsmäßige Binderkonstruktion ist, an der auch noch die abgehängte Decke befestigt ist. Da Ihnen das Tragsystem nicht ganz verständlich ist, versuchen Sie, in einem Gespräch mit Ihrem Ausbilder die Unklarheiten und offenen Fragen zu klären.

1. Welche Konstruktion ist in der Zeichnung dargestellt?
   Erläutern Sie die Lastabtragung.

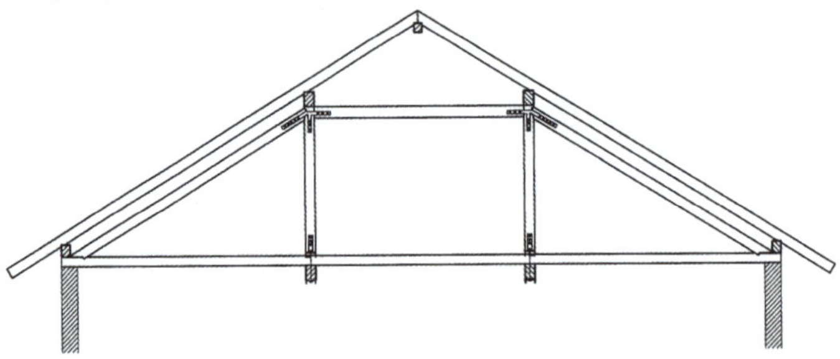

Konstruktion:

____

Lastabtragung:

____

____

____

2. Worauf müssen Sie bei der Konstruktion eines Hängewerks achten, wenn Sie den Knotenpunkt Hängesäule – Hängebalken ausbilden?
   Skizzieren Sie einen Lösungsvorschlag. 🗋

____

____

____

3. Skizzieren Sie das statische System eines einfachen Hängewerks. Benennen Sie die einzelnen Konstruktionsteile und geben Sie an, welche Kräfte diese aufnehmen müssen.
   🗋

Benennung	**Kraft**
1. ____________	____________
2. ____________	____________
3. ____________	____________

4. a) Wie bezeichnet man die dargestellte Binderkonstruktion?

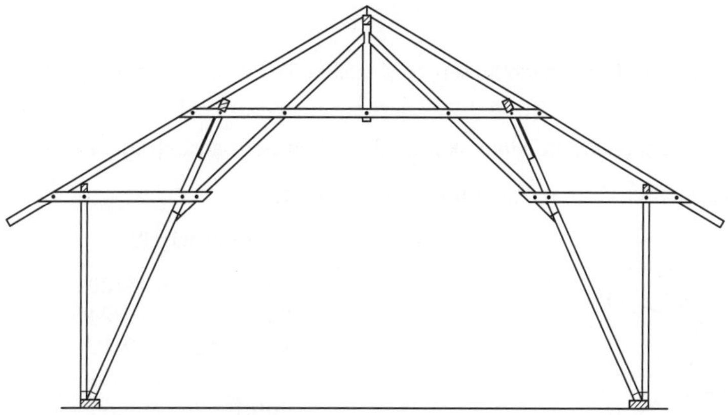

b) Erläutern Sie, wie die Windlasten abgeleitet werden.

in Längsrichtung:

in Querrichtung:

5. Welche Dachkonstruktion ist in der Skizze dargestellt? Erläutern Sie, in welchen Fällen diese Konstruktion sinnvoll ist.

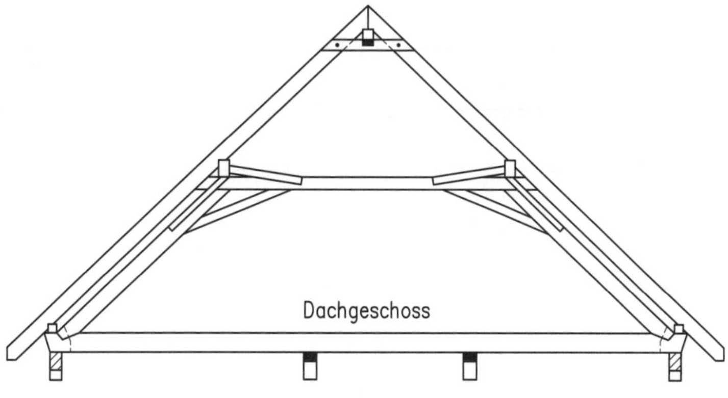

6. Für das unten dargestellte Pfettendach mit liegendem Stuhl müssen die Klauenkopfbänder abgebunden werden.

   a) Zeichnen Sie nach den unteren Maßangaben das linke Strebenprofil im Maßstab 1:10 auf ein DIN-A4-Zeichenblatt.

   b) Klappen Sie das Kopfbandprofil nach außen, und stellen Sie im nun ausgetragenen Kopfband die Klaue und den Zapfen dar.

   c) Konstruieren Sie das aufgekantete Klauenkopfband neben dem ausgetragenen Kopfbandprofil.

   d) Beschriften und bemaßen Sie die Zeichnung normgerecht.

Holzquerschnitte:

Strebe	14/20
Pfette	16/24
Klauenbug	10/12

Konstruktionsmaße:

Strebenneigung = 55°
Waagrechtes Bugstirnmaß = 0,70 m
„Senkrechtes" Bugstirnmaß = 0,90 m

7. Berechnen Sie weiterhin für das gezeichnete Klauenkopfband die erforderlichen Abbundmaße.

Kopfbandneigung: ______________________

Kopfbandlänge: ______________________

Waageschmiegenlänge: ______________________

Senkelschmiegenlänge: ______________________

Klauenverstichmaß „Senkel": ______________________

Klauenverstichmaß „Waage": ______________________

2.2.3 Ingenieurmäßige Binderkonstruktionen

Die Erweiterung der Abbundhalle soll möglichst große freie Räume schaffen. Daher muss eine Binderkonstruktion gewählt werden, die auch eine große Spannweite überbrücken kann. Erläutern Sie in diesem Zusammenhang mögliche ingenieurmäßige Binderkonstruktionen.

1. Ordnen Sie den gegebenen Fachbegriffen die jeweiligen Binderkonstruktionen zu:

Zweigelenkrahmen: ______________ unterspannter Träger: ______________

Dreigelenkrahmen: ______________ Zweigelenkbogen mit Zugband: ______________

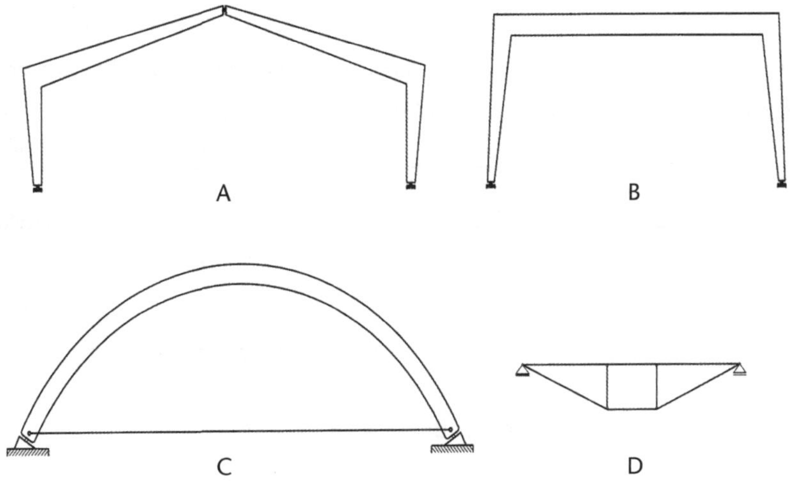

2. Ordnen Sie der gegebenen Zeichnung eines Binderauflagers die richtige Definition zu.

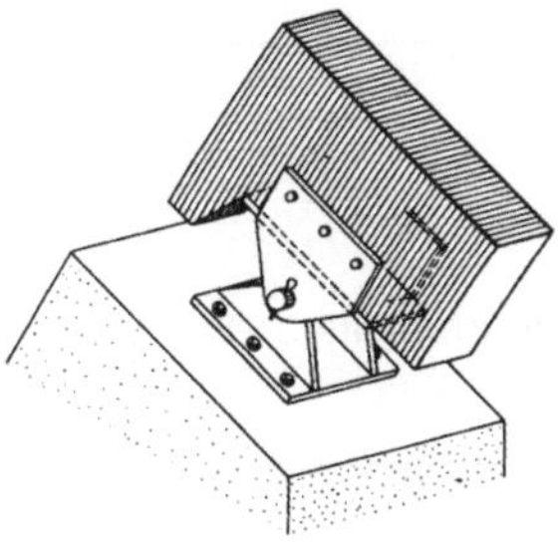

____

____

3. Wie bezeichnet man das abgebildete Detail?

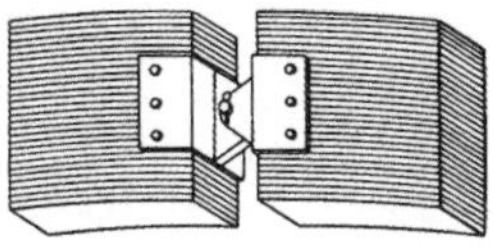

____

____

4. Bei einem Fachwerkträger sollen die Diagonalen als Rundstähle ausgebildet werden.
Wählen Sie aus den beiden Konstruktionsvorschlägen das geeignete System aus, und begründen Sie Ihre Wahl.

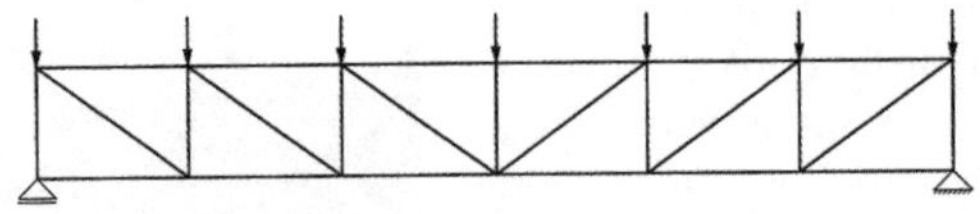

A

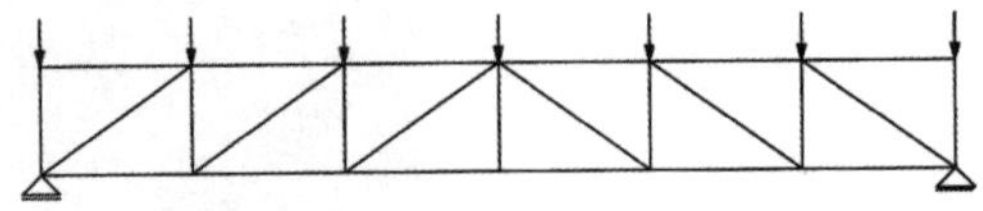

B

5. Welche Maßnahmen werden bei Fachwerkträgern getroffen, um eine unzulässige Durchbiegung der Binder zu vermeiden?

6. Erläutern Sie die Vor- und Nachteile eines Kantholz-Fachwerkbinders.

Vorteile:

–
–
–

Nachteile:

–
–

7. Welche Verbindungen bzw. Verbindungsmittel werden bei Kantholz-Fachwerkbindern eingesetzt?

–
–
–
–

8. Ingenieurholzkonstruktionen zeichnen sich dadurch aus, dass die Verbindungsmittel statisch nachgewiesen werden. Erklären Sie die wesentlichen Zusammenhänge, die bei der Ausführung von ingenieurmäßigen Holzverbindungen zu beantworten sind. Geben Sie hierzu zunächst die fachgerechte Bezeichnung der dargestellten Verbindungsmittel an.

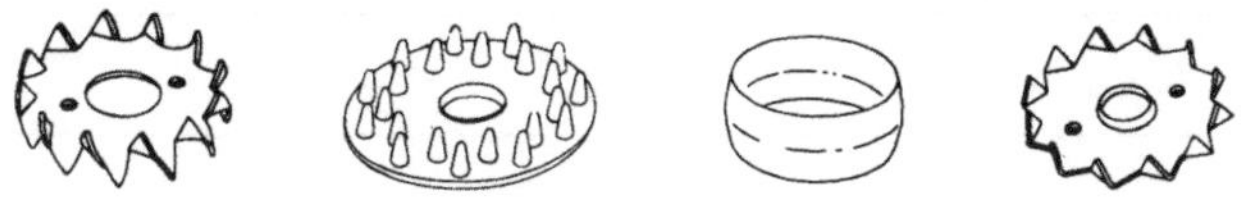

1 2 3 4

1: ______________________________

2: ______________________________

3: ______________________________

4: ______________________________

9. Ein Fußgängersteg soll aus Eichenholz gebaut werden. Was müssen Sie bei der Materialwahl für die Verbindungsmittel beachten?

____

____

____

____

____

10. Benennen Sie die abgebildeten Verbindungsmittel, und geben Sie an, für welche Fälle diese eingesetzt werden können.

1 2 3 4 5

Benennung	**Einsatzfälle**
1: ____________	____________
2: ____________	____________
3: ____________	____________
4: ____________	____________
5: ____________	____________

11. Warum müssen Dübel besonderer Bauart durch Schraubenbolzen gesichert werden?

12. Beim Einbau von Hartholzdübeln ist der Faserverlauf der zu verbindenden Hölzer zu beachten.
In welchem der skizzierten Fälle ist der Dübel fachgerecht eingebaut? Begründen Sie Ihre Antwort.

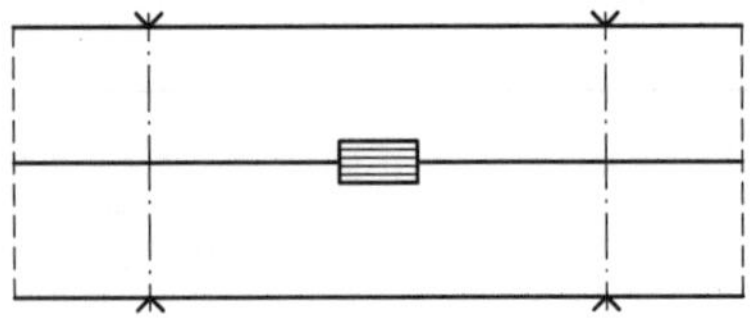

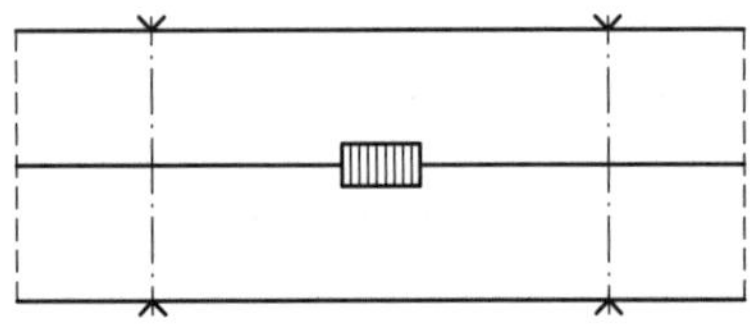

13. Für welche Anschlüsse verwendet man einseitige Dübel besonderer Bauart?
Nennen Sie dafür ein praktisches Beispiel.

14. In welchen Fällen dürfen tragende Bolzenverbindungen verwendet werden?

–

–

–

15. Auf welche Weise kann bei Stabdübelanschlüssen in sichtbaren Brettschichtkonstruktionen ein ausreichender Brandschutz erreicht werden?

16. Welche Verbindungsmittel sind in den folgenden Zeichnungen dargestellt?
Erläutern Sie die angegebenen Bezeichnungen.

A
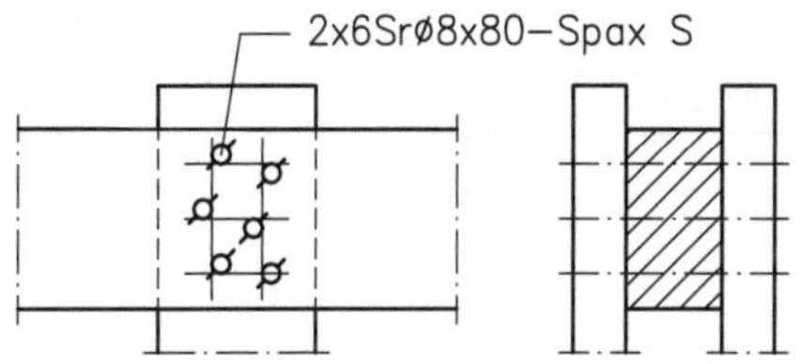

B
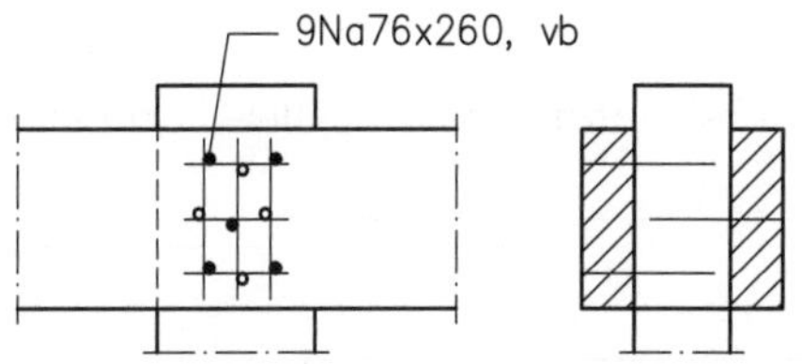

Fall A:

____

____

Fall B:

____

____

17. In welchen Fällen können glattschaftige Nägel auf Zug belastet werden?

____

____

____

18. Welche Maßnahmen sollen bei Nagelverbindungen ein Aufspalten des Holzes verhindern?

– ____

– ____

– ____

– ____

– ____

19. Wie viele Nägel muss eine tragende Holz-Holz-Nagelverbindung mindestens aufweisen?

____

____

____

____

Dachtragwerke

20. Geben Sie die Schnittigkeit der gezeigten Nagelverbindungen an. Welche Auswirkungen hat eine mehrschnittige Ausführung auf die Tragfähigkeit der Verbindung? ($t_{1,req}$ = erforderliche Einschlagtiefe)

A

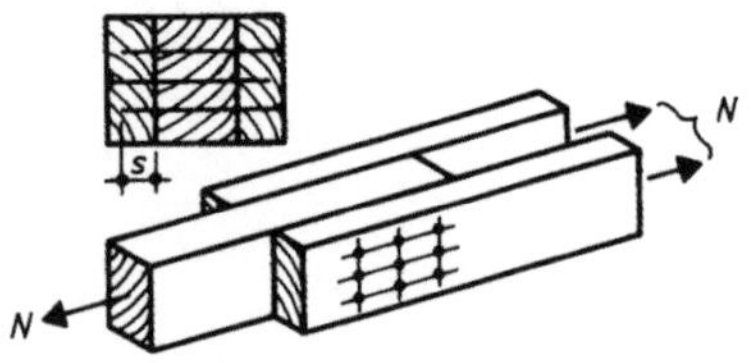

A:

B

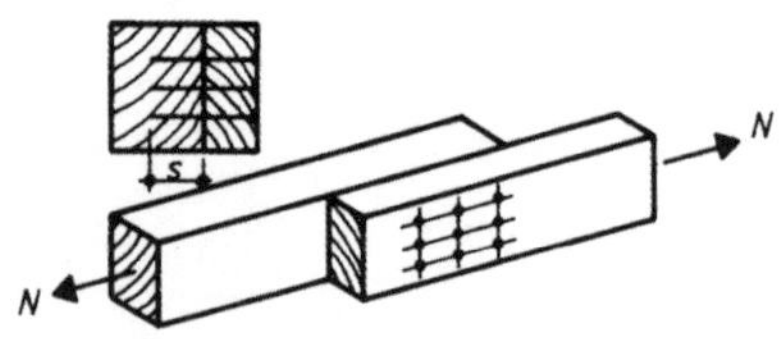

B:

C

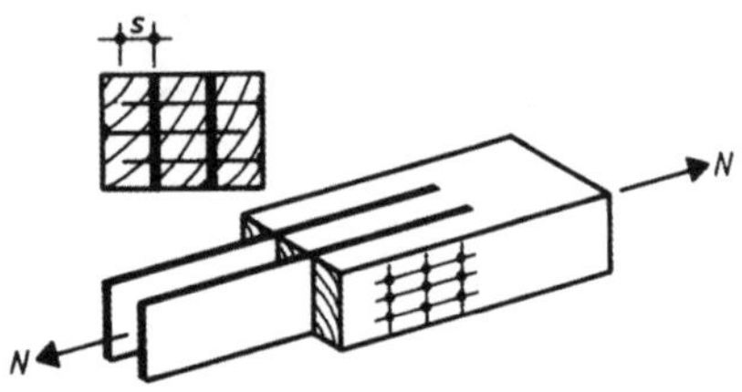

C:

21. Was versteht man unter Sondernägeln? Für welche Zwecke werden Sie verwendet?

22. Von welchen Faktoren wird die Tragfähigkeit eines Nagels auf Herausziehen bestimmt?

23. Ordnen Sie den nachfolgend aufgeführten Begriffen die Abbildungen der Holzschrauben zu.

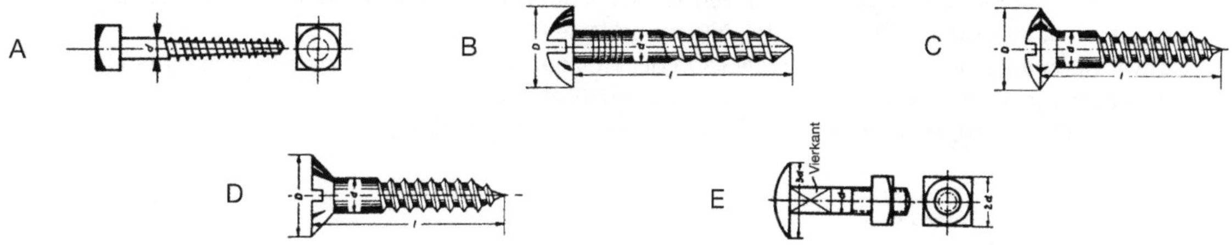

Linsenkopfschraube: ______________

Schlüsselschraube: ______________

Flachkopfschraube: ______________

Schlossschraube: ______________

Nagelschraube: ______________

24. Für nicht vorgebohrte Nagelverbindungen mit Nageldurchmesser $d < 5$ mm und Hölzern mit einer Rohdichte $\rho_k \leq 420\ \text{kg/m}^3$ schreibt die DIN EN 1995-1-1 Eurocode 5 folgende Mindestabstände vor:

a) untereinander parallel zur Faser $a_1 \geq (5 + 5 \cdot \cos\alpha) \cdot d$
b) beanspruchter Rand quer zur Faser $a_{4,t} \geq (5 + 2 \cdot \sin\alpha) \cdot d$
c) beanspruchtes Hirnholzende $a_{3,t} \geq (10 + 5 \cdot \cos\alpha) \cdot d$

Bestimmen Sie die Mindestabstände für die Fälle a bis c am Beispiel eines Nageldurchmessers $d = 4{,}2$ mm, zeichnen Sie die gewählten Maße in die Skizze ein.

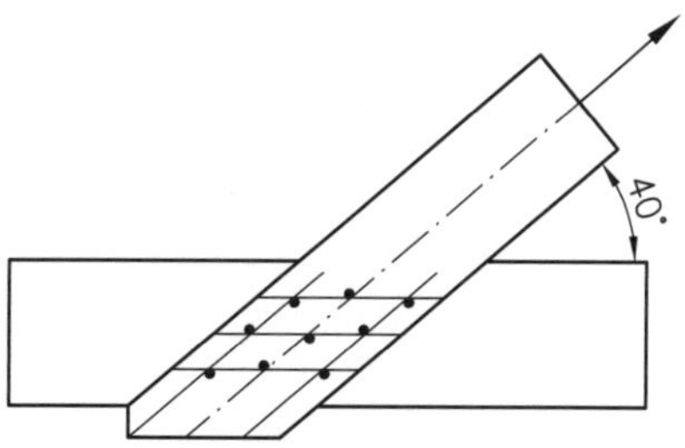

2.2.4 Werkstofftechnik und Werkstoffbedarf

Der Ausbilder möchte Sie von den guten statischen Eigenschaften des Bauholzes und der Verbindungsmittel überzeugen. Daher beauftragt er Sie, einfache Festigkeitsberechnungen durchzuführen.

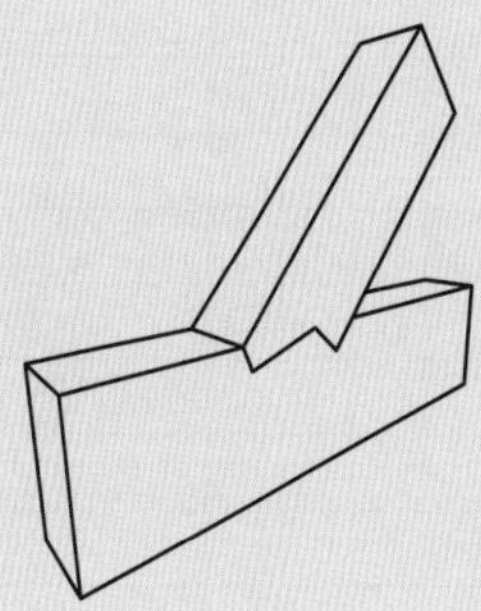

1. Der Untergurt eines Fachwerkbinders besteht aus zwei Querschnitten mit $b/h = 6/20$ cm, die durch eine Nagelverbindung am Obergurt angeschlossen werden. Als Bauholz wird Nadelholz der Festigkeitsklasse C 24 verwendet, Lasteinwirkungsdauer (KLED) mittel, Nutzungsklasse (NKL) 1.
Mit welcher maximalen Zugkraft F_d in kN kann der Holzquerschnitt belastet werden, wenn der Nagelanschluss mit nicht vorgebohrten Nägeln mit $d_n \leq 6$ mm ausgeführt wird?
Die Tragkraft der Verbindungsmittel soll dabei unberücksichtigt bleiben.

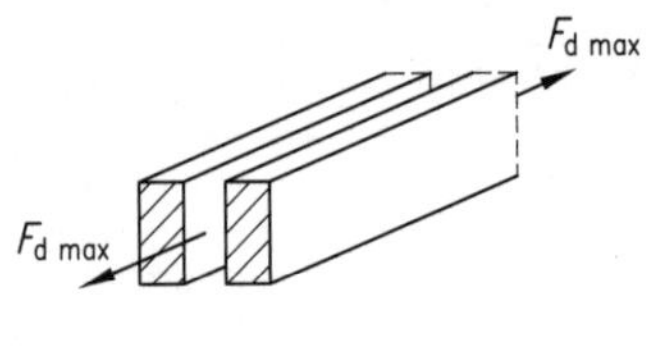

2. Eine Hängesäule aus Kiefer der Festigkeitsklasse C 24 wird durch zwei Streben über je einen Stirnversatz abgefangen. Die Zugkraft F_d der Hängesäule beträgt 90 kN, Lasteinwirkungsdauer (KLED) mittel, Nutzungsklasse (NKL) 2.

a) Wie groß sind die Druckkräfte in den Streben S_1 und S_2?
b) Berechnen Sie die erforderliche Vorholzlängen, und wählen Sie ein praxisgerechtes Maß dafür.

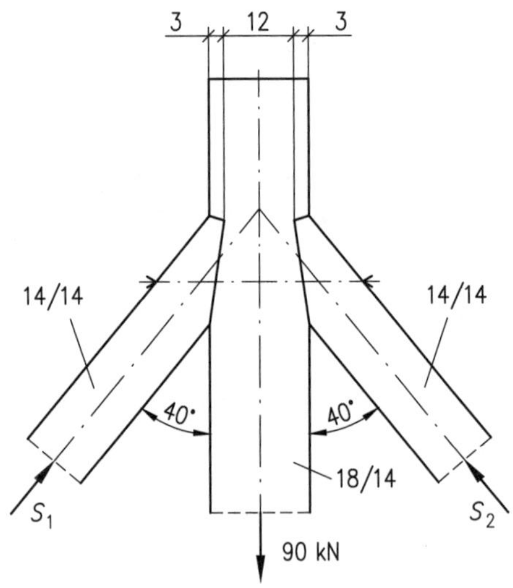

a) Druckkräfte in den Streben:

b) Erforderliche Vorholzlänge:

3. Eine Brettschichtholzstütze der Festigkeitsklasse GL 28h soll bei der Abfangung eines Gebäudes eine Bemessungslast von F_d = 175 kN auf eine Eichenholzschwelle der Festigkeitsklasse D 30 übertragen.
Es stehen quadratische Stützen mit den Seitenlängen 14/14 cm und 16/16 cm zur Verfügung, Lasteinwirkungsdauer (KLED) kurz, Nutzungsklasse (NKL) 2.
Wählen Sie die geeignete Stütze aus, damit der Tragfähigkeitsnachweis für die Kontaktpressung Stütze – Schwelle eingehalten ist.

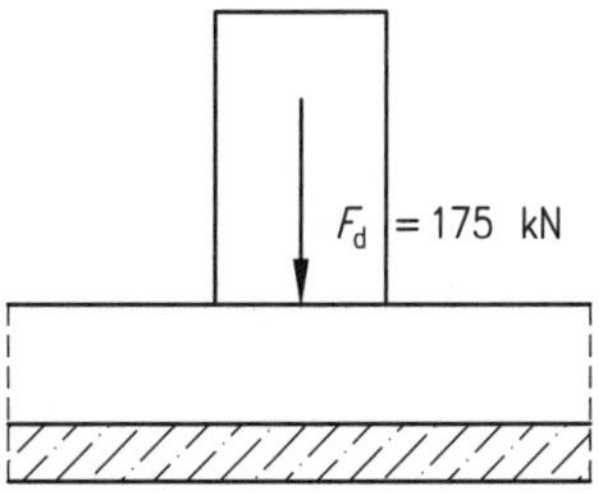

4. Der Eckpfosten eines Fachwerkhauses soll eine Vertikalkraft von F_d = 40 kN durch Kontaktstoß auf eine Lärchenholzschwelle übertragen. Der Pfosten wird durch einen abgesetzten Zapfen gesichert. Baustoffe: Eckpfosten NH C24, Schwelle NH C30, Lasteinwirkungsdauer (KLED) mittel, Nutzungsklasse (NKL) 1.
Führen Sie den Tragsicherheitsnachweis für die Querpressung der Schwelle durch.

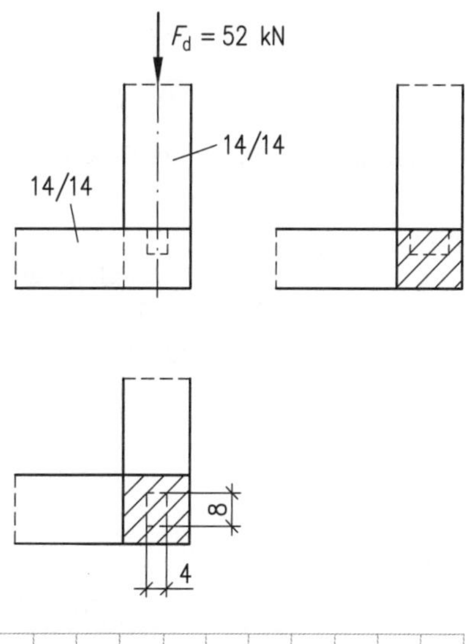

5. Der Untergurt eines Fachwerkbinders wird durch Nägel 38/100 an eine Hängesäule angeschlossen.
   a) Welche Schnittigkeit weist die Nagelverbindung auf, wenn die erforderliche Einschlagtiefe t_{req} = 9 d beträgt?
   b) Welche Zugkraft F_d kann der Nagelanschluss in die Hängesäule einleiten, wenn eine Scherfläche eine charakteristische Scherkraft $F_{v,R,k}$ = 1058 N übertragen kann? C 24, Nutzungsklasse 1, KLED mittel

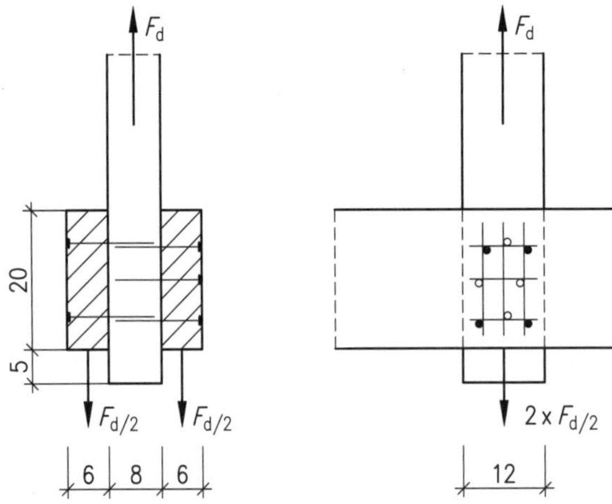

6. Für die Balkenlage des Erweiterungsbaus ist folgender Deckenaufbau gegeben:

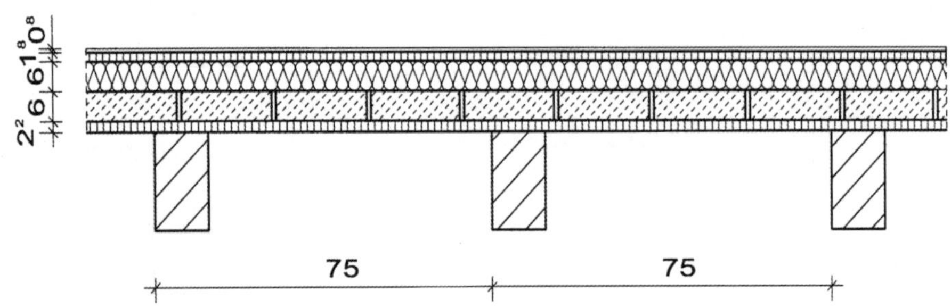

Rechenwerte für die Lastermittlung:

8 mm Parkett	7 kN/m³
18 mm OSB-Platte	6 kN/m³
60 mm Mineralfaser	0,01 kN/m²/cm
60 mm Gehwegplatten	24 kN/m³
22 mm Spanplatten	6 kN/m³
Deckenbalken b/h = 12/22 cm	5 kN/m³
Verkehrslast	2 kN/m³

a) Berechnen Sie die charakteristische Belastung der Holzbalkendecke in kN/m² einschließlich der Eigenlast der Deckenbalken.

b) Welche charakteristische Linienlast in kN/m muss der Deckenbalken aufnehmen?

c) Welche charakteristische Auflagerkraft wird am Balkenauflager eingeleitet, wenn der Balken als frei drehbar gelagerter Einfeldträger mit einer Stützweite von 5,25 m gerechnet werden kann.

7. Für die Erweiterung der Abbundhalle sind umfangreiche Holzlieferungen notwendig. Für die Entladung soll der eigene Autokran der Zimmerei eingesetzt werden. Überprüfen Sie, ob der Kran dafür verwendet werden kann. Die Lieferung besteht aus Konstruktionsvollholz mit dem Querschnitt von 10/20 cm und einer Länge von 7,50 m. Jeweils vier Hölzer sind zu einem Bündel verpackt. Der Kran soll immer nur ein Bündel heben. Berechnen Sie die erforderliche Hebekraft des Autokrans in kN, wenn das Holz eine Rohdichte von 5 t/m^3 hat und die Last mit 1,5-facher Sicherheit gehoben werden soll.

2.2.5 Technische Kommunikation

1. Der Untergurt eines Kantholzbinders mit den Abmessungen 18/22 cm wird mit zwei außen liegenden Laschen 10/22 cm gestoßen. Als Verbindungsmittel werden je 15 Stabdübel Ø 16 verwendet.
Die Stabdübel sollen in drei parallelen Reihen angeordnet werden.

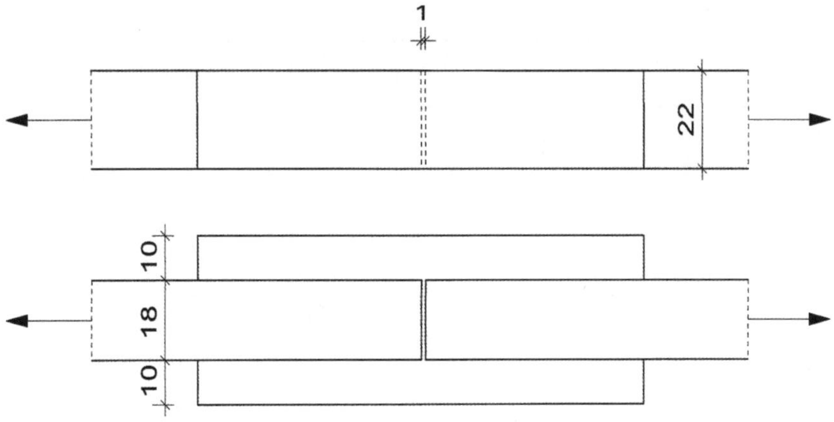

a) Zeichnen Sie die Stabdübel in den vorgegebenen Untergurtstoß ein, und beachten Sie dabei die Vorschriften der DIN EN 1995-1-1 Eurocode 5 bezüglich der Mindestabstände.

b) Welche Länge müssen die Stoßlaschen mindestens haben?

____

2. Die Zange einer Binderkonstruktion wird mit einer innenliegenden Stoßlasche und Dübeln besonderer Bauart gestoßen.
Verbindungsmittel: Dübel (∅ 80 mm) Typ C 10, Bolzen M 20
Mindestabstände nach DIN EN 1995-1-1 Eurocode 5:

$a_1 \quad = (1{,}2 + 0{,}8 \cdot \cos \alpha) \cdot d_c$ ____

$a_{3,t} \quad = 2 \cdot d_c$ ____

$a_{3,c} \quad = 1{,}2 \cdot d_c$ ____

$a_{4,c} \quad = 0{,}6 \cdot d_c$ ____

Überprüfen Sie, welche Länge die Stoßlasche mindestens haben muss.
Tragen Sie die fehlenden Maße in die Zeichnung ein.

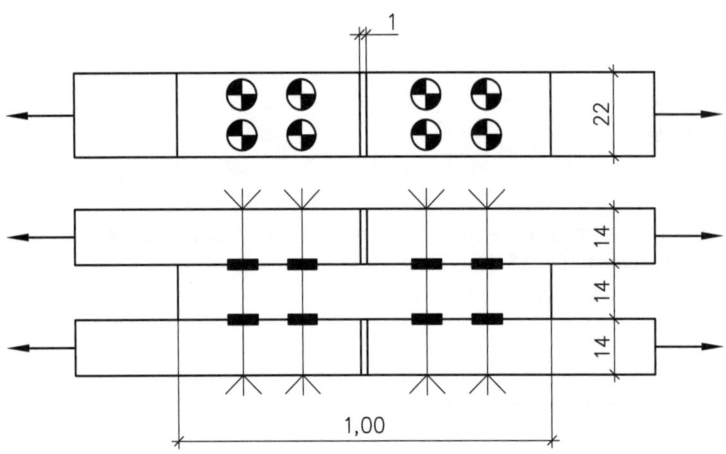

3 Dachdeckungen und Ausbau

3.1 Dachaufbauten und Trockenbauteile

Beim Neubau des Endhauses der Reihenhaussiedlung wurde das Dachgeschoss nicht mit ausgebaut.
Mittlerweile ist die Zahl der Familienmitglieder angewachsen, und der Dachbereich soll als bewohnbarer Wohnraum genutzt werden. Sie als Fachmann werden gefragt, ob Sie beratend zur Seite stehen können, damit die Auf- und Ausbauvorstellungen fachlich fundiert geplant, konkretisiert und umgesetzt werden können.

3.1.1 Allgemeine Fragen und Aufgaben

Bei dem Beratungsgespräch sollen Sie zuerst Fragestellungen Ihrer Nachbarn zu den möglichen Dachaufbauten beantworten.

Allgemeine Fragen und Aufgaben zu Dachaufbauten bzw. Gauben

1. Erläutern Sie Ihrem Nachbarn die wesentlichen Vorschriften für die Höhe und die Ausführung von Aufenthaltsräumen im Dachgeschoss, die nach den Landesbauordnungen vorgeschrieben sind.

2. Zeigen Sie auf, welche Aufgaben Dachöffnungen/Dachaufbauten erfüllen sollen.

3. Benennen Sie mögliche Dachöffnungen und Dachaufbauten.

4. Erläutern Sie, was ein Fachmann unter einer Dachgaube(-gaupe) versteht.

5. Zeigen Sie Ihren Nachbarn auf, welche Arten (Formen) von Dachgauben der Fachmann unterscheidet.

6. Benennen Sie die dargestellten Gauben mit den jeweiligen Fachbezeichnungen.

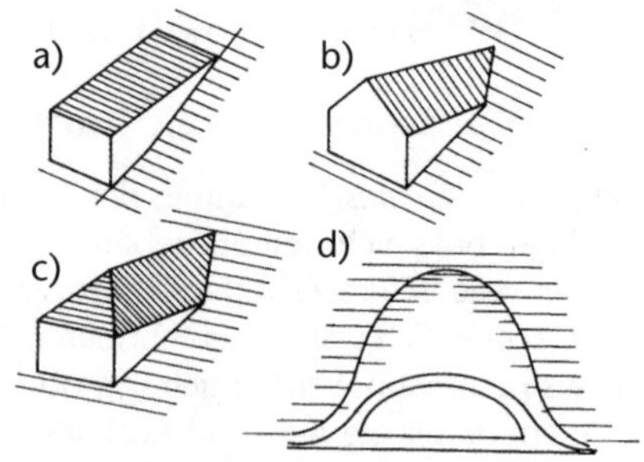

a) ______________________________

b) ______________________________

c) ______________________________

d) ______________________________

7. Wo kann Ihr Nachbar Informationen zur Baugenehmigung und zu baurechtlichen Festlegungen über Größe und Form der Dachaufbauten erhalten?

8. Welche Überlegungen sollten bei der Wahl der Dachgaubenart beachtet werden?

9. Beschreiben Sie der Familie Meier die Vorteile von Dachgauben gegenüber Dachflächenfenstern.

10. Erläutern Sie die Konstruktionsgrundsätze, die bei der Herstellung von Dachgauben beachtet werden müssen.

11. a) Beschreiben Sie den Unterschied zwischen einer stehenden und einer aufgesetzten Gaube.
    b) Erläutern Sie die statischen Problemstellungen.

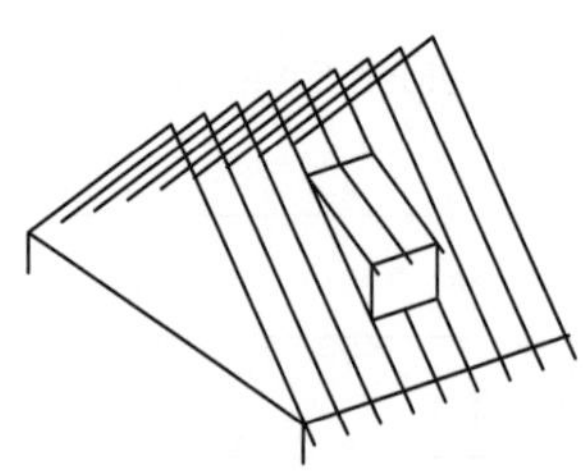

12. Erläutern Sie die Probleme hinsichtlich der Breite einer aufzubauenden aufgesetzten Gaube, wenn es sich bei der Dachkonstruktion des Reihenhauses um eine Sparrendachkonstruktion handelt.

13. Die Nachbarn wollen von Ihnen wissen, welche Gaubenart am einfachsten und am leichtesten herzustellen ist.

14. Welche Gaubenarten entstehen, wenn die Seitenwände (Backenfläche) der Schleppgaube nicht senkrecht, sondern geschwungen oder abgeschrägt ausgeführt werden?

a) 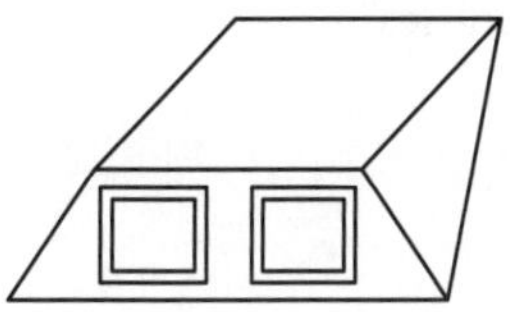

b) 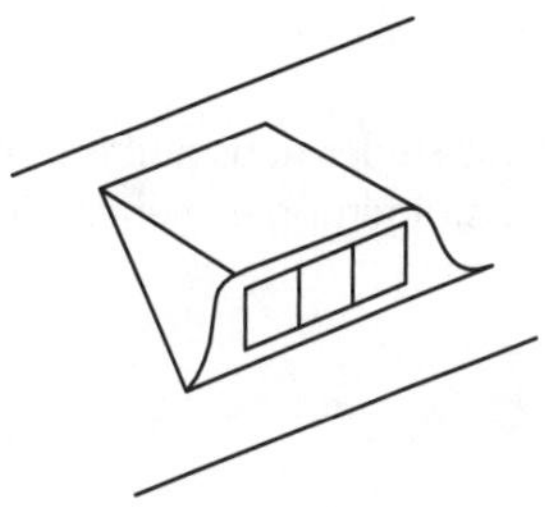

15. Erläutern Sie den Nachbarn die Vorteile einer Konstruktion mit schrägen Seitenwänden.

16. Welche Grundsätze sollten bei der Eindeckung der ebenen Gaubendachflächen beachtet werden?

17. Was ist zu tun, wenn die Regeldachneigung des Deckmaterials bei der Gaubendachneigung nicht mehr eingehalten werden kann?

Dachdeckungen und Ausbau

18. Benennen Sie die Gaubenart, bei der die Gaubendachfläche insgesamt gewölbt und mit dem Bedachungsmaterial der Hauptdachfläche bei Einhaltung bestimmter Maßverhältnisse relativ leicht durchgedeckt werden kann.

19. Je nach Bedachungsmaterial sind bei dieser Gaube best. Maßverhältnisse zu wählen. Geben Sie an, welcher Maßverhältnis-Bereich von Rahmenhöhe (*H*) zur halben Gaubenbreite (*B*/2) hier gewählt werden sollte.

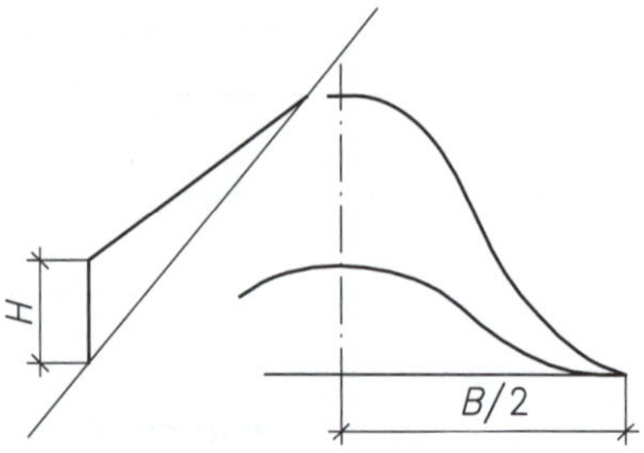

20. Berechnen Sie, welche Fledermausgaubenbreite (*B*) sich bei einer Gaubenhöhe (*H*) von rd. 1,00 m ergeben würde. Welche Schlussfolgerungen ziehen Sie aufgrund des berechneten Ergebnisses?

21. Erhält der Dachaufbau eine eigene Dachkonstruktion, können weitere Dachgaubenarten unterschieden werden. Welche dieser Arten sind in den Abbildungen dargestellt?

a)

b)

a)

b)

22. Zeigen Sie auf, welche Verbindungshölzer beim Übergang der Sattel-/Walmdachgaubenkonstruktion zum Dachstuhl des Hauptdachs im Kehlbereich verwendet werden können.

Allgemeine Fragen und Aufgaben zu Dachflächenfenstern

23. Zeigen Sie die Vorteile von Dachflächenfenstern gegenüber Dachgauben auf.

24. Zählen Sie auf, welche Dachflächenfenstertypen man nach der Aufhängung des Fensterflügels unterscheiden kann.

-
-
-
-
-
-

25. Nach welchen Gesichtspunkten sollte sich die Höhe der Wohndachfenster ausrichten?

26. Von welchen Kriterien hängt die Wahl der Fenster**länge** eines Dachflächenfensters ab?

27. Welche Kriterien spielen bei der Wahl der Fenster**breite** eines Dachflächenfensters eine Rolle?

28. Eine Faustregel legt die Fensterfläche auf mind. 10 % der Raumgrundfläche fest. Welche weiteren einzuhaltenden Einbau-Fenstermaße für Aufenthaltsräume im DG werden – abgeleitet von DIN 5034 für Fenster – empfohlen?

Fensteroberkante:

Fensterunterkante:

Durchsichtige Fensterbreite:

29. Erläutern Sie, warum Dachflächenfenster nicht unter 15° Fensterneigung einbaut werden sollten.

Dachdeckungen und Ausbau

30. Beim Dachflächenfenster spielt auch die Sicherheitsfunktion des Glases eine wichtige Rolle. Unterscheiden und erklären Sie die zwei Glasarten „ESG" und „VSG".

ESG: ___

___

VSG: ___

___

Allgemeine Fragen und Aufgaben zu den Dachdeckungen

31. Erläutern Sie den Begriff „Regeldachneigung".

___

___

32. Wann ist dementsprechend eine Dachdeckung regensicher?

___

___

33. Dachdeckungen müssen so ausgeführt werden, dass sie das Gebäude gegen Witterungseinflüsse schützen.
a) Welche zwei Deckungsarten und welche drei Deckungsformen der Deckmaterialien kann man unterscheiden?
b) Welcher allgemeine Grundsatz sollte bei Dachdeckungen beachtet werden?

a) ___

___

b) ___

___

___

34. Erläutern Sie die Begriffe „harte" und „weiche" Bedachung.

___

___

___

35. Unterscheiden Sie die Begriffe „Unterdach" und „Unterdeckung".

___

___

___

36. Erläutern Sie Ihren Nachbarn, was der Fachmann unter einem „Dachstein" versteht.

37. Erklären Sie, was sich hinter dem Begriff „Dachziegel" verbirgt.

38. Um welche Deckung bzw. Dachziegel handelt es sich bei den dargestellten Bildern. Erläutern Sie außerdem die Bedeutung der angegebenen Gradzahlen.

a) $\geq 30°$

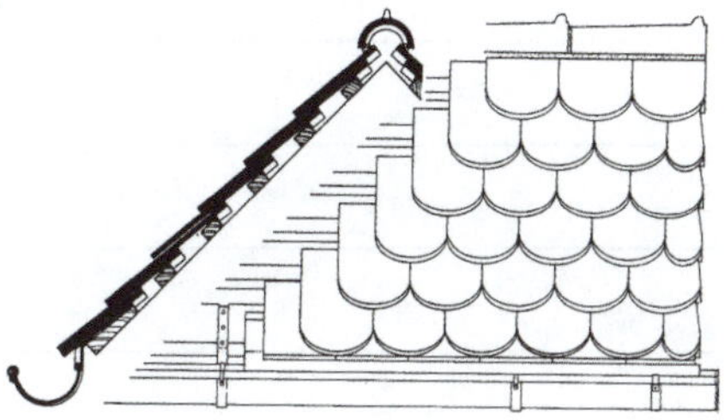

b) $\geq 40°$

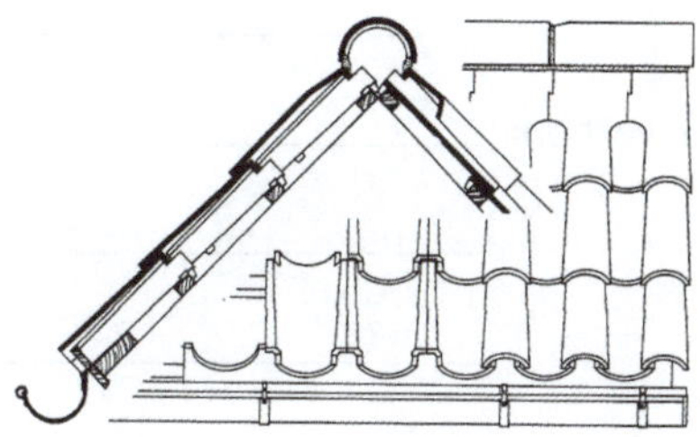

a) ______

b) ______

39. Bei den Dachdeckungsmaterialien lassen sich verschiedene Formsteine unterscheiden. Benennen Sie diese und erklären Sie ihre jeweilige Verwendung.

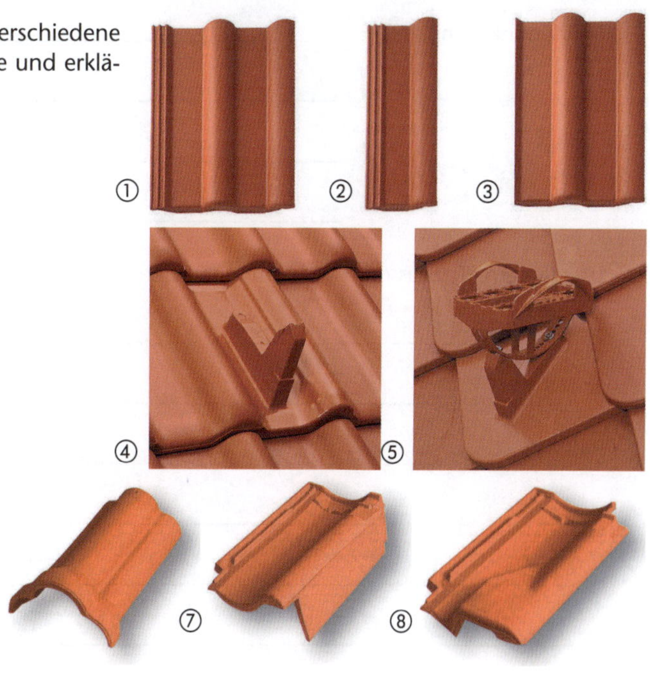

1) ______

2) ______

3) ______

4) ______

5) ______

6) ______

7) ______

8) ______

40. Erläutern Sie vorab den Sinn und Zweck der Wärmeschutzverordnung und geben Sie an, was unter dem Wärmedurchgangskoeffizienten (*U*-Wert) zu verstehen ist.

41. Welcher Höchstwert des Wärmedurchgangskoeffizienten ist nach der EnEV 2014 für den Wandaufbau der Gaubenbacken einzuhalten?

42. Unterscheiden und erklären Sie die Begriffe „Wasserdampfdiffusion" und „Wasserdampfkonvektion".

Diffusion:

Konvektion:

43. a) Erklären Sie weiterhin die Begriffe relative Luftfeuchte und Taupunkttemperatur.

Relative Luftfeuchte:

Taupunkttemperatur:

b) Erläutern Sie, was der Fachmann unter dem s_d-Wert versteht.

44. Welche Bedeutung hat die Luftdichtheit der Konstruktion beim Dachausbau?

45. Zeigen Sie auf, wie die Einhaltung der geforderten Luftdichtheit überprüft werden kann. Erläutern Sie das gewählte Verfahren.

46. Welche Bedeutung hat der sog. n_{50}-Wert?

47. Geben Sie an, mit/aus welchen Materialien die Luftdichtheitsschicht hergestellt werden kann.

48. Erläutern Sie den Begriff „Winddichtungsebene" und geben Sie an, welche Forderungen an sie gestellt werden.

49. Ihre Nachbarn wollen wissen, welchen Wärmedämmstoff sie wählen sollen. Erläutern Sie allgemein, welche Anforderungen an Wärmedämmstoffe gestellt werden.

50. Nennen Sie Dämmstoffe, die für den Ausbau des Dachgeschosses geeignet sind.

51. Worauf muss man beim Einbau der Dämmstoffe achten, damit die Dämmwirkung gewährleistet bleibt?

52. Nennen Sie die möglichen Anordnungen der Wärmedämmstoffe in der Dachkonstruktion. Vergleichen Sie die Möglichkeiten und diskutieren Sie, welche Art der An-/Einbringung die bessere ist.

53. Beschreiben Sie die Herstellung von Gipskartonplatten.

54. Erläutern Sie die wichtigsten Eigenschaften von Gipskartonplatten.

55. Zeigen Sie den Nachbarn auf, welche Arten von Gipskartonplatten beim Dachgeschossausbau verwendet werden können.

56. Welche Kantenausbildungen an Gipskartonplatten gibt es?

57. Beschreiben Sie, wie Gipskartonplatten gelagert werden sollten.

3.1.2 Technik der Dachaufbauten und des Dachausbaus

Nach der Klärung der allgemeinen Fragen geht's ins Detail. Das Dachgeschoss Ihrer Nachbarn erhält Gauben und wird ausgebaut. Sie erläutern die wesentlichen Konstruktionsgrundlagen für einen sach- und fachgemäßen Aus- und Aufbau.

1. Zur Herstellung einer Dachgaube werden verschiedene Konstruktionshölzer benötigt. Benennen Sie diese Hölzer mit den Fachbegriffen.

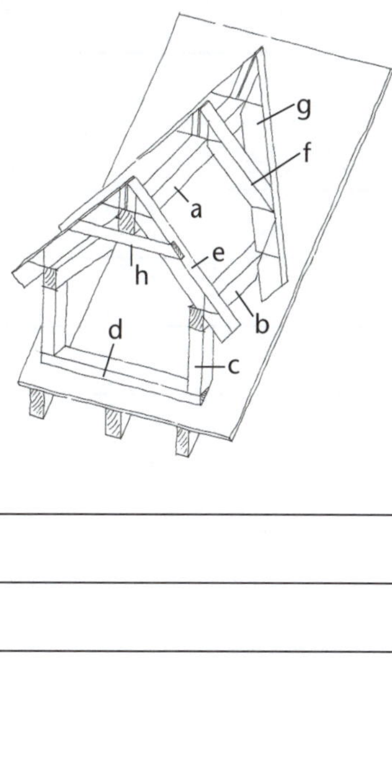

a)

b)

c)

d)

e)

f)

g)

h)

2. Die Höhe des Gaubenspiegels ist von der Raumhöhe und der Brüstungshöhe abhängig. (z. B. BayBO: Raumhöhe mind. 2,20 m, Brüstungshöhe 0,80 m). Zeigen Sie Ihren Nachbarn durch eine Bemaßung/Beschriftung des Schnitts, wie/wo die einzelnen Höhen gemessen werden.

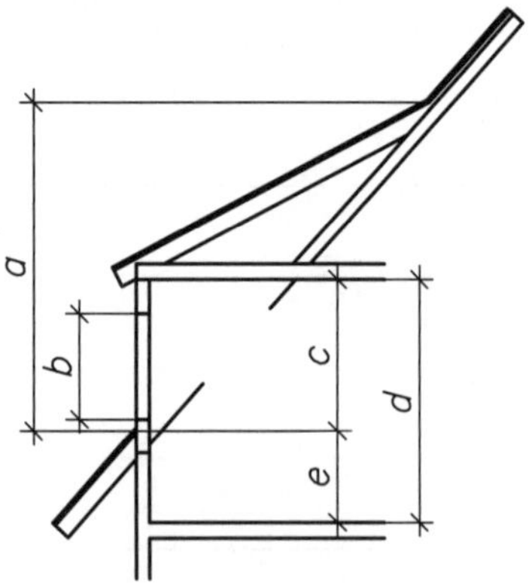

a) ______________________________

b) ______________________________

c) ______________________________

d) ______________________________

e) ______________________________

3. Erläutern Sie, welche drei Profile für das Austragen der Kehlbohle benötigt werden. Benennen Sie die Profile und zeichnen Sie sie zur Veranschaulichung in die räumliche Darstellung.

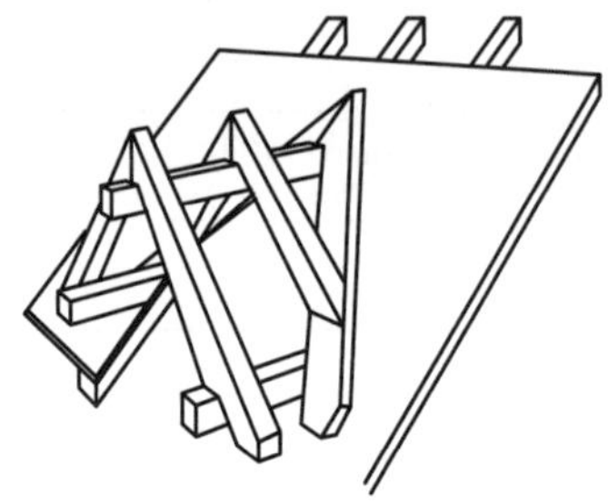

a) ______________________________

b) ______________________________

c) ______________________________

4. Ihr Nachbar will von Ihnen wissen, ob auch ein breiterer Aufbau ohne Probleme durchführbar ist.
Erläutern Sie ihm, welche Probleme bei einer breiteren Gaube für die Sparrenstiche entstehen und welche zusätzlichen konstruktiven Maßnahmen evtl. vorgenommen werden sollten.

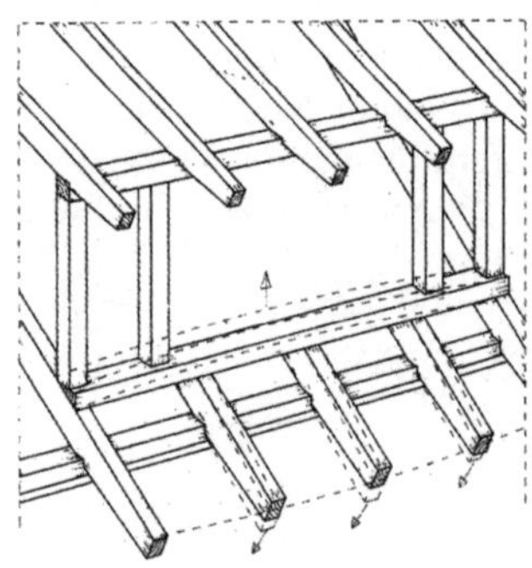

____

5. Beschreiben und beurteilen Sie die dargestellten drei Möglichkeiten der Verbindung Gaubenpfosten, Sparren, Schwelle.

a) 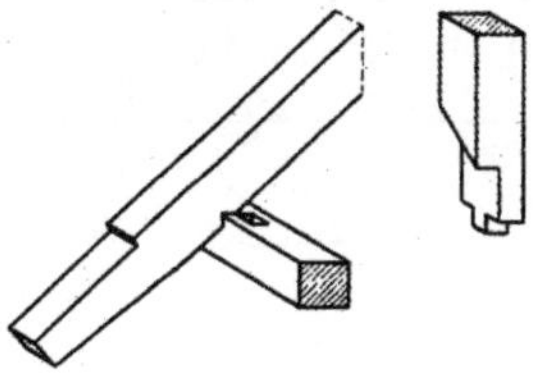

b) 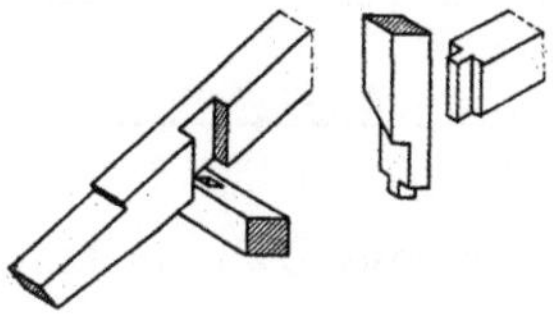

c) 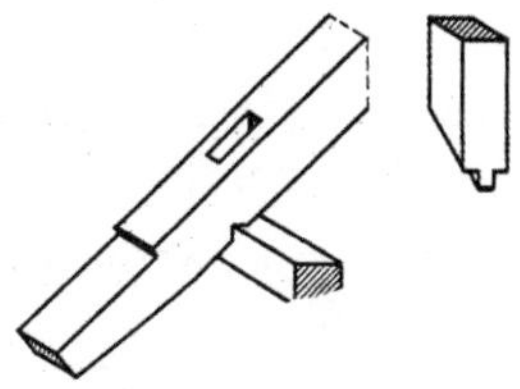

a)

b)

c)

6. Führen Sie aus, worauf bei den dargestellten Möglichkeiten der Auflagerung von Dachgauben besonders zu achten ist.

a)

b)

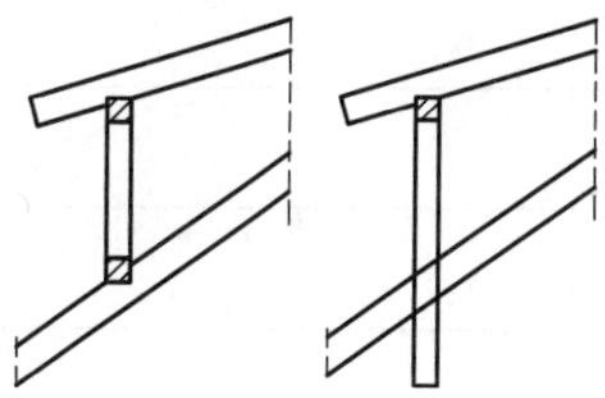

7. Erläutern Sie, wie der Anschluss der Gaubendachfläche an die Hauptdachfläche im Verschneidungsbereich bei einer Satteldach/Walmdachgaube gestaltet werden sollte.

8. Geben Sie an, wie bei einer Kehlbohlenschiftung die wahre Bohlenlänge ermittelt wird.

9. Welche Schmiegen benötigt der Zimmerer zum Anreißen eines Kehlbohlenschifters an seinem unteren Ende und wo kann er diese abnehmen?

10. Wovon hängt das Kerbenverstichmaß bei einer Kehlbohle ab?

11. Geben Sie an, weshalb die Kehlbohle nur einseitig abgegratet wird.

12. Wovon hängt das Backenverstichmaß bei einem Kehlbohlenschifter ab, wenn der Gaubenanbau rechtwinkelig zum Hauptgebäude verläuft?

13. Geben Sie auch an, wovon das Backenverstichmaß bei einem Kehlbohlenschifter abhängt, wenn der Gaubenanbau stumpfwinklig zum Hauptgebäude verläuft.

14. Zeigen Sie eine Möglichkeit auf, wie die Kehlbohle bei der dargestellten Segmentbogengaube ermittelt werden kann, und beschreiben Sie kurz das Verfahren.

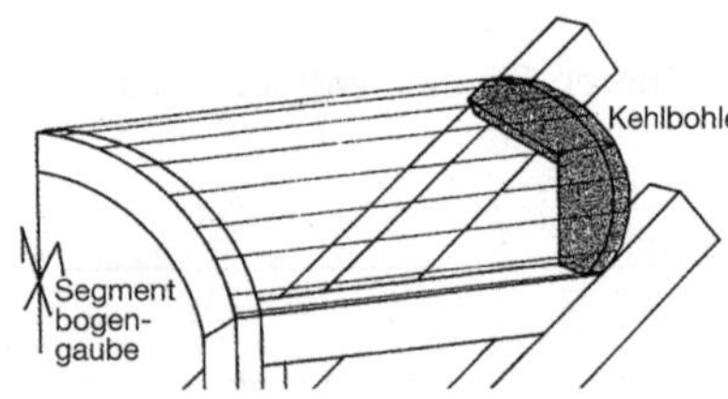

15. Der Einbau von Dachflächenfenstern muss genau geplant und fachgerecht ausgeführt werden.
Erläutern Sie welche baulichen Gesichtspunkte beim Einbau von Dachflächenfenstern zu beachten sind.

16. Zeigen Sie auf, in welchen Fällen ein Dachflächenfenster mit Aufkeilrahmen verwendet werden sollte.

17. Diskutieren Sie die bauphysikalischen Problembereiche, die beim Einbau eines Dachflächenfensters auftreten und konstruktiv gelöst werden müssen.

____

____

____

____

____

____

18. Sie zeigen Ihren Gesprächspartnern ein Konstruktionsdetail eines unsachgemäß eingebauten Dachflächenfensters.
   a) Beurteilen Sie die dargestellte Anschlussausführung.
   b) Skizzieren Sie in die Konstruktion Ihre Verbesserungsvorschläge.

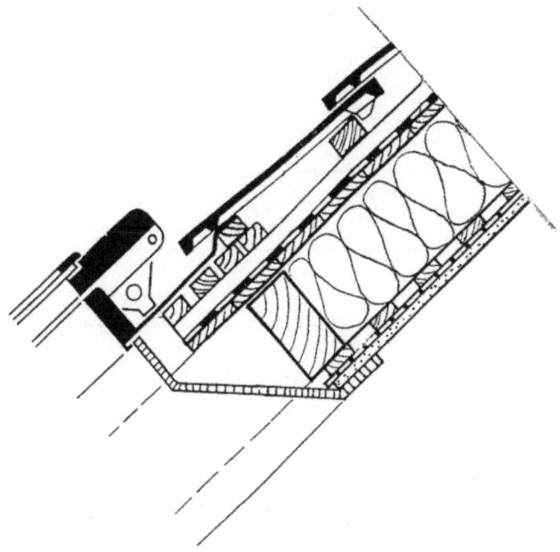

____

____

____

____

____

____

19. Kein anderes Bauteil wird durch Witterungseinflüsse so sehr beansprucht wie das Dach. Ordnen Sie die angeführten Beanspruchungen den jeweiligen Piktogrammen/Symbolen zu und geben Sie mögliche bauliche bzw. konstruktive Gegenmaßnahmen an.

a) Lufttemperatur → ____________

b) Winddruck → ____________

c) Niederschlag → ____________

d) Sonnenstrahlung → Reflexion

e) Störschall → ____________

f) Temperatur innen → ____________

g) Luftdruck → ____________

h) Wasserdampf → ____________

i) Taubildung → Kondensatspeicher

j) Raumschall → ____________

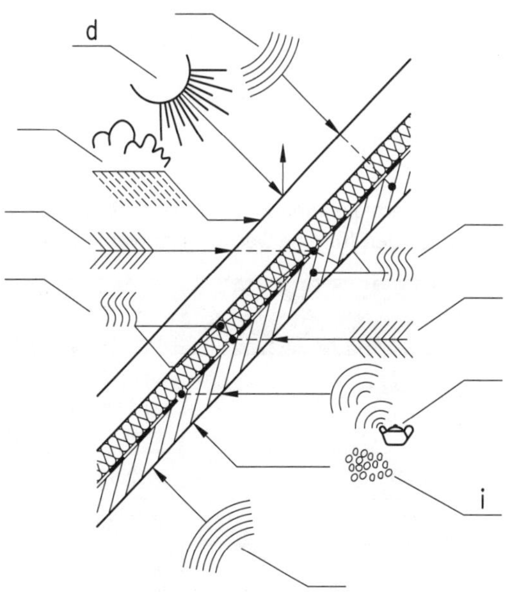

20. Das Reihenhaus ist mit Biberschwanzziegeln (d) gedeckt. Geben Sie an, welche weiteren Dachziegel in den Abbildungen noch dargestellt sind.

a)

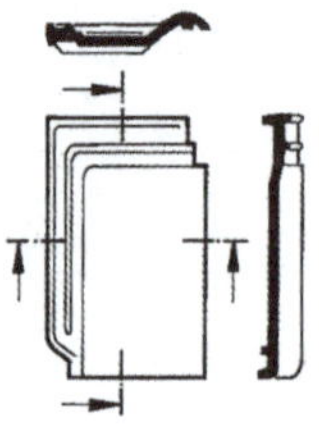

b)

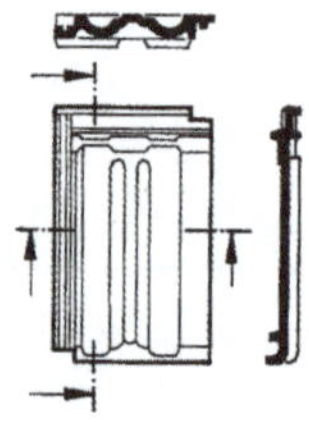

c)

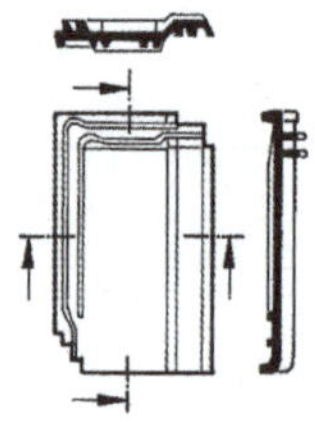

d)

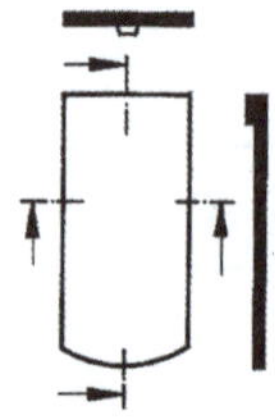

21. Erläutern Sie, welche allgemeinen und besonderen Anforderungen an Dachziegel bzw. Dachsteine gestellt werden.

22. Erklären Sie, welche Aufgaben Konterlattung und Dachlattung (Traglattung) haben und geben Sie an, wie sie angeordnet werden.

Konterlattung:

Dachlattung:

23. Erläutern Sie anhand der Tabelle „Regelquerschnitte für tragende Dachlatten ohne rechn. Nachweis aus Nadelholz" den für eine Deckung zu wählenden Lattenquerschnitt.

Nennquerschnitt (mm)	Auflagerabstand Achsmaß (m)	Sortierklasse nach DIN 4074-1[2]	farbliche Kennzeichnung
24/48[1]	bis 0,70 und Dachlattenabständen bis maximal 17 cm zulässig	S 13	blau
24/60	bis 0,80	S 13	
30/50	**bis 0,80**	**S 10**	rot
40/60	bis 1,00	S 10	
[1] z. B. für Biberschwanz- und Schieferrechteckdoppeldeckung			
[2] Abweichungen von den Nennquerschnitten dürfen nach DIN EN 336.1995-04 nur höchstens –1/+3 mm betragen (bezogen auf u = 20 %)			

zu 23. ___

24. Welche Dicke in mm sollen nach DIN 18334 Schalungen für Metall-, Bitumen- bzw. Schieferdeckungen mind. aufweisen und wie sind diese zu verlegen?

25. Erläutern Sie, was bei einer Schalung unter Dachabdichtungen zu beachten ist.

26. Welche Dicke in mm sollen Dachschalungen aus Holzwerkstoffen mindestens aufweisen?

Flachpressplatten: Dicke mind. ___

Sperrhölzer: Dicke mind. ___

27. Erläutern Sie die Aufgabe einer Unterdachkonstruktion, wie z. B. Schalung mit Dachbahnen oder Unterspannbahn.

28. a) Warum muss die Dachfläche vor dem Herstellen der Deckung eingeteilt werden?
b) Beschreiben Sie weiterhin die Vorgehensweise einer solchen Einteilung.

a) ___

b) ___

29. Erläutern Sie, wie Sie die Deckbreite und Decklänge eines Dachdeckungsmaterials, das Sie nicht kennen und bei dem Sie vom Hersteller keine Unterlagen bekommen haben, feststellen können.

30. Für die Einteilung der Sparrenlänge sind bestimmte Maße wichtig. Benennen Sie die einzelnen dargestellten Lattabstände.

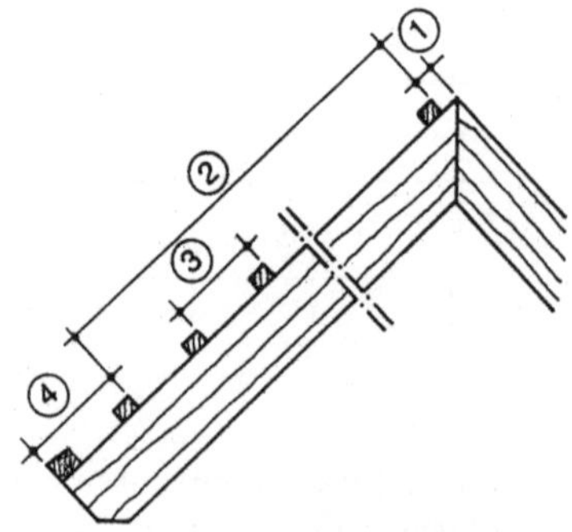

1) ______________________________

2) ______________________________

3) ______________________________

4) ______________________________

31. Durch welche Maßnahme im Kehlbereich bzw. Gaubenbackenanschluss kann eine regensichere Ausführung am besten gewährleistet werden?

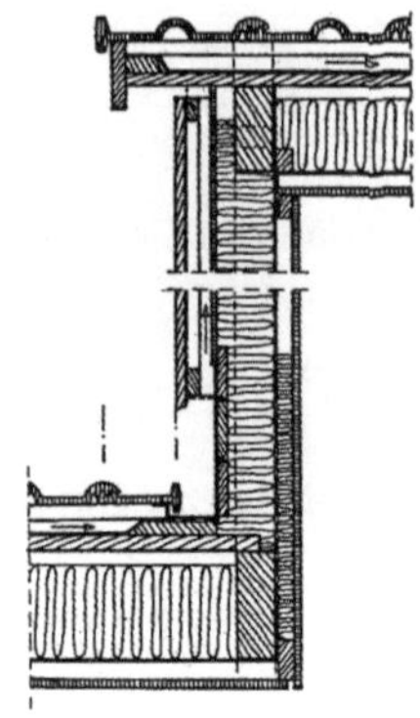

____

____

____

____

32. Für die Ausbaumaßnahme im DG gibt es eine Vielzahl von Materialien und Werkstoffen unterschiedlicher Qualität. Der Nachbar zeigt Ihnen das Produktdaten-Blatt einer Holzfaserdämmplatte. Erläutern Sie anhand der nachfolgenden Fragen die Baustoffdaten.

PRODUKTDATEN

Holzfaserdämmplatte DIN 68755		**mit stumpfen Kanten**	**mit Nut-Feder-Kante umlaufend**
• Dicken		20, 40, 60, 80, 100 mm	40, 60, 80 mm
• Formate		200 x 120 cm 120 x 80 cm	200 x 74 cm 117 x 57 cm
• Lieferform	20 mm	55 bzw. 110 St. / Paket	/
	40 mm	30 bzw. 60 St. / Paket	28 bzw. 56 St. / Paket
	60 mm	18 bzw. 36 St. / Paket	18 bzw. 36 St. / Paket
	80 mm	13 bzw. 26 St. / Paket	13 St. / Paket
	100 mm	10 bzw. 20 St. / Paket	/
• Gewicht	20 mm	3,40 kg/m²	
	40 mm	6,80 kg/m²	
	60 mm	10,20 kg/m²	
	80 mm	13,60 kg/m²	
	100 mm	17,00 kg/m²	
• Brandklasse DIN 4102		B 2	
• Rohdichte		170 kg/m³	
• Spezifische Wärmekapazität DIN 4108		2100 J/kg K	
• Wärmeleitfähigkeitsgruppe (WLG)		045	
• Diffusionswiderstandszahl μ		9	
• Diffusionsgleichwertige Luftschichtdicke (s_d)		20 mm = 0,18 40 mm = 0,36 60 mm = 0,54 80 mm = 0,72 100 mm = 0,90	
• Zusammendrückbarkeit bei Belastung		<1 % bei 50 kg/m² >1 % < 2 % bei 250 kg/m²	
• Luftschall- oder Trittschalldämmmaß		Prüfbericht auf Anfrage	

a) In welchen Dicken sind die Platten lieferbar?

____

b) Welche Abmessungen hat das größte Format der Holzfaserdämmplatten mit stumpfen Kanten, und welche Fläche kann damit gedämmt werden?

____

c) Wie schwer ist eine 100 mm dicke 200 x 120 cm Platte?

____

d) Welche Bedeutung hat die Angabe: Brandklasse DIN 4102 B 2?

____

e) Welche Wärmeleitfähigkeit λ hat die Holzfaserdämmplatte?

____

f) Wird der Feuchtefluss durch die Platte stark behindert (gute Dampfsperre) oder ist die Platte ein relativ dampfdurchlässiges Material (diffusionsoffen)?

____

33. Ihr Nachbar hat bei zwei unterschiedlichen Baustoffhandlungen für den gleichen Wärmedämmstoff der Fa. XYZ Preise erfragt. Helfen Sie ihm bei der Kaufentscheidung.
Baustoffhandel Huber
1 m^2 Wärmedämmstoff der Fa. XYZ WLG 035 100 mm dick 6,0 €/m^2
Baustoffhandel Meier
1 m^2 Wärmedämmstoff der Fa. XYZ WLG 045 100 mm dick 5,5 €/m^2
Welchen Baustoff soll er kaufen? Begründen Sie Ihren Ratschlag.

____

____

____

____

____

____

____

____

____

____

34. Skizzieren Sie die zwei grundsätzlichen Möglichkeiten des Dachaufbaus für das Reihenhaus Ihres Nachbarn und benennen und erläutern Sie die Konstruktionsteile. (Sie haben festgestellt, dass die Dachdeckung erneuert werden muss, die Dachkonstruktion noch tragfähig ist, die Sparren nicht erneuert werden müssen, aber nicht gehobelt sind.)

	Konstruktionsteile
Möglichkeit 1 (Skizze)	1
	2
	3
	4
	5
	6
	7
	8

Dachdeckungen und Ausbau

Möglichkeit 2 (Skizze)	1
	2
	3
	4
	5
	6
	7
	8
	9

35. Die Unterspannbahn eines Dachaufbausystems mit Vollsparrendämmung hat laut Hersteller folgende Eigenschaften (Technische Spezifikationen).

Technische Spezifikationen:

Type:	TYVEK* 2508 B (Pro)
Material:	100 % Polyolefin
Gewicht (nach DIN EN ISO 536):	ca. 125 g/m^2
Dicke (nach DIN EN 20534):	ca. 450 µm
Brandverhalten (DIN 4102):	B2
Wasserdampf-Diffusion-s_d Wert (*) (in Anlehnung an DIN 52615)	ca. 0,02 m
Wassersäule (nach DIN EN 20811):	ca. 1,5 m
Reißdehnung (nach EN ISO 1924-2):	> 15 %
Reißfestigkeit (nach DIN 53857-1):	ca. 220 N/5 cm
Temperaturbeständigkeit:	– 40 °C → + 100 °C
Freiwitterung:	4 Monate
Sonstige Eigenschaften:	winddicht, regensicher, recyclebar
	Standard Rollenabmessungen:
Rollenbreite:	1 500 mm
Rollenlänge:	50 m
Rollengewicht:	ca. 10 kg/75 m^2/Rolle

(*) (Univ.-Prof. Dr.-Ing. K. W. Liersch, TU Cottbus in Anlehnung an DIN 52615)

DuPont Engineering Products S. à. r. l.
L-2984 Luxembourg
Tel.: +49 (0) 61 72 / 87 29 22
Fax: +49 (0) 61 72 / 87 29 23

Technische Änderungen, die der Produktverbesserung dienen, vorbehalten.

Erklären Sie dem Nachbarn die Bedeutung der Herstellerangaben.

a) Wassersäule ca. 1,5 m:

____

____

b) Brandverhalten B 2:

____

____

c) Wasserdampf-Diffusion – s_d-Wert ca. 0,02 m:

____

____

d) Freibewitterung 4 Monate:

____

____

e) Reißdehnung ≥ 15 %:

____

____

36. Erläutern Sie den Gesprächspartnern die Tabelle, und ermitteln Sie die Taupunkttemperatur bei folgender Annahme:
Wenn die Raumlufttemperatur 20 °C und die relative Luftfeuchtigkeit 55 % beträgt, empfindet der Mensch die Situation als behaglich. Wann wäre die Taupunkttemperatur dieser Luft erreicht?

Taupunkttemperatur ϑ_T der Luft in Abhängigkeit von der Temperatur und relativen Luftfeuchte															
Lufttemperatur ϑ_T in °C	Taupunkttemperatur ϑ_T in °C bei einer relativen Luftfeuchte von														
	30 %	35 %	40 %	45 %	50 %	55 %	60 %	65 %	70 %	75 %	80 %	85 %	90 %	95 %	100 %
30	10,5	12,9	14,9	16,8	18,4	20,0	21,4	22,7	23,9	25,1	26,2	27,2	28,2	29,1	30,0
28	8,8	11,1	13,1	15,0	16,6	18,1	19,5	20,8	22,0	23,2	24,2	25,2	26,2	27,1	28,0
26	7,1	9,4	11,4	13,2	14,8	16,3	17,6	18,9	20,1	21,2	22,3	23,3	24,2	25,1	26,0
24	5,4	7,6	9,6	11,3	12,9	14,4	15,8	17,0	18,2	19,3	20,3	21,3	22,3	23,1	24,0
22	3,6	5,9	7,8	9,5	11,1	12,5	13,9	15,1	16,3	17,4	18,4	19,4	20,3	21,2	22,0
20	1,9	4,1	60,0	7,7	9,3	10,7	12,0	13,2	14,4	15,4	16,4	17,4	18,3	19,2	20,0
18	0,2	2,3	4,2	5,9	7,4	8,8	10,1	11,3	12,5	13,5	14,5	15,4	16,3	17,2	18,0
16	- 1,4	0,5	2,4	4,1	5,6	7,0	8,2	9,4	10,5	11,6	12,6	13,5	14,4	15,2	16,0
14	- 2,9	- 1,0	0,6	2,3	3,7	5,1	6,4	7,5	8,6	9,6	10,6	11,5	12,4	13,2	14,0
12	- 4,5	- 2,6	- 1,0	0,4	1,9	3,2	4,5	5,7	6,7	7,7	8,7	9,6	10,4	11,2	12,0
10	- 6,0	- 4,2	- 2,6	- 1,2	0,1	1,4	2,6	3,7	4,8	5,8	6,7	7,6	8,4	9,2	10,0

____

____

____

____

____

Die Taupunkttemperatur dieser Luft liegt bei ________ °C.

37. Für den Wandaufbau der Gaubenbacken sind folgende Materialien vorgesehen:
- Mineralfaserdämmung 16 cm WLG 040
- PE-Folie
- Baupapier
- Faserzementplatten 2 cm λ = 2,1 W/Km)
- Gipskartonplatte 25 mm (siehe Produktinformation)

Produktinformation

Wärmeleitfähigkeit λ	nach DIN EN 12524	0,25	[W/(m · K)]
Spezifische Wärmekapazität c	bei 20 °C	0,96	[kJ/(kg · K)]
Wärmeausdehnungskoeffizient	bei 60 % r. LF.	ca. 0,013 – 0,020	[mm/(m · K)]
Dampfdiffusionswiderstandszahl μ	nach DIN EN 12524	Trocken: 10 Nass: 4	[–]
Diffusionsäquivalente Luftschichtdicke s_d	nach DIN 4108	Trocken: Nass:	[m]

$R_{si} \Rightarrow$ 0,13 m²K/W $\qquad$ $R_{se} \Rightarrow$ 0,04 m²K/W

Wärmeübergangswiderstände

a) Die s_d-Werte sind bei der Produktinformation leider unleserlich.
Berechnen Sie die s_d-Werte anhand der vorhandenen Angaben.

b) Zeichnen Sie den Vertikalschnitt der Gaubenbacke im Maßstab 1:10. Bemaßen und benennen Sie den Schichtaufbau.

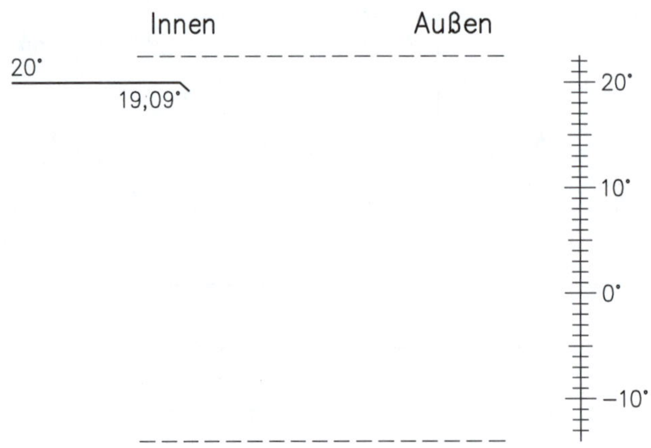

c) Berechnen Sie den Wärmedurchgangskoeffizienten im Bereich der Gaubenbacke anhand der Tabelle, und bewerten Sie den errechneten Wert hinsichtlich des geforderten Höchstwerts. (Folie und Baupapier sind zu vernachlässigen!)

Nr.	Bezeichnung	Schichtdicke in m	Wärmeleitfähigkeit λ in W/(mK)	Wärmedurchlasswiderstand R in m^2K/W
	Wärmeübergang R_{si}			
1				
2				
3				
	Wärmeübergang R_{se}			
	Wärmedurchgangswiderstand R_T $\Rightarrow$ ΣR			
	Wärmedurchgangskoeffizient U-Wert $\Rightarrow 1/\Sigma R$			

d) Ermitteln Sie mithilfe der Tabelle (Seite 120) die Taupunkttemperatur θ_T für die vorhandene Raumluft im ausgebauten DG. (Lufttemperatur θ = 22 °C, relative Luftfeuchtigkeit 55 %).

e) Berechnen Sie den Temperaturverlauf in der Gaubenbacke (Randbedingungen θ_i = 20 °C und θ_e = –10 °C) und zeichnen Sie den Verlauf in die Zeichnung (Aufgabe 37 b) ein.

Formel für die Berechnung: $(\Delta T \cdot R)/R_T$

$$\frac{\text{(Temperaturdifferenz} \cdot \text{Wärmedurchlasswiderstand)}}{\text{Wärmedurchgangswiderstand}}$$

Beispiel: Temperaturdifferenz, Wärmeübergang innen:
$\Rightarrow$ (30 °C · 0,13 m^2K/W)/4,2795 m^2K/W = 0,91 °C

Wärmeübergang innen (siehe Beispiel):
(30 °C · 0,13)/4,2795 = 0,91 °C $\Rightarrow$ 20 °C – 0,91 °C = 19,09 °C

Gipskartonplatte:

Mineralfaserdämmstoff:

Faserzementplatte:

Wärmeübergang außen:

= – 10 °C

Dachdeckungen und Ausbau

38. Eine weitere Möglichkeit des Dachaufbaus ist die Aufdachdämmung. Erläutern Sie Ihren Nachbarn die Vorteile der Aufdachdämmung gegenüber der Zwischensparrendämmung.

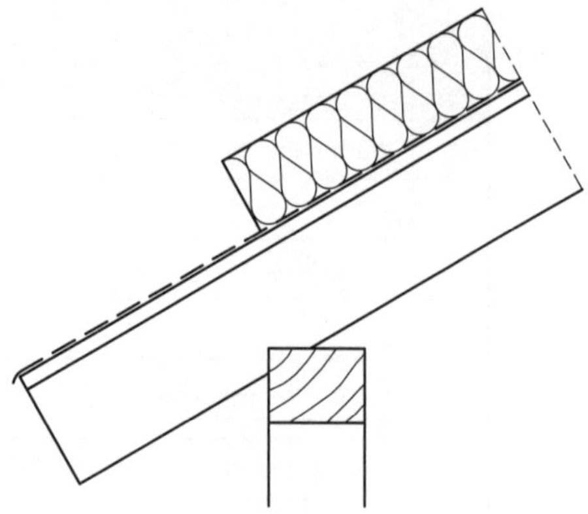

Skizzieren Sie nebenstehend einen Vorschlag für die Lastabtragung der Aufdachdämmung.

39. Für die Ausbaumaßnahme soll für den Wohn- und Essbereich ein Trockenboden eingebaut werden. Klären Sie, welche Vor- bzw. Nachteile ein Fertigteilestrich (Trockenestrich) gegenüber einem Mörtelestrich (z. B. ZE) hat.

Vorteile:

Nachteile:

40. Erläutern Sie anhand des dargestellten Bauteils,
- was unter der Feuerwiderstandsklasse zu verstehen ist und geben Sie an,
- welcher Feuerwiderstandsklasse das skizzierte und beschriebene Bauteilbeispiel zuzuordnen ist.

?	Feuerwiderstandsdauer ≥ 30 min, Herstellung unter Verwendung brennbarer Baustoffe der Klassen B1 oder B2	Tragende Holzständerwand mit beidseitiger Beplankung aus Holzspanplatten	Feuerhemmend	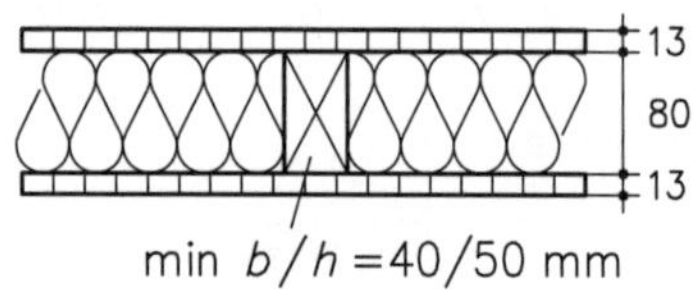	DIN 4102-4, Tab. 51 Zeile 1

41. Für einen Teilbereich soll eine luftschalldämmende Trennwand eingebaut werden. Hier kann die darunterliegende Decke nur gering belastet werden.
Skizzieren Sie einen Lösungsvorschlag (Horizontalschnitt), benennen Sie die einzelnen Teile und begründen Sie Ihre Entscheidung gegenüber dem Nachbarn.

Skizze	Legende:
	1
	2
	3
	Begründung:

3.1.3 Werkstofftechnik und Werkstoffbedarf

Ihre Nachbarn wollen nun u.a. ganz konkret wissen, welche Wärmedämmeigenschaften mit der Konstruktion erreicht werden, welche Sparrenlänge der Gaubensparren hat oder wie viel Gaubenschalung bestellt werden muss. Sie sind aufgefordert, einige Berechnungen zum Dachgaubenaufbau und Ausbau des Dachgeschosses vorzunehmen.

1. Für einen Teil des Daches ist eine Schleppgaube vorgesehen. Berechnen Sie die für den Abbund notwendigen Werte:
   a) den Winkel α
   b) die Abbundmaße l_1 und l_2
   c) die Abbundmaße x und l_S

   Angaben:
   HD-Überstand 0,525 m
   HD-Neigung 40°
   Gaubenneigung 20°
   Sparren 8/18

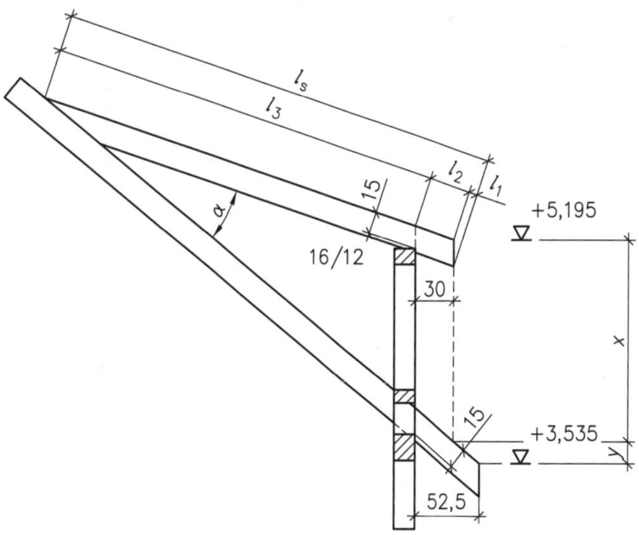

2. Die Backenflächen der Schleppgaube sollen mit Faserzementplatten verschalt werden. Berechnen Sie die zu bestellende Plattenmenge in m^2 bei einem Verschnittsatz von 6,5 %.

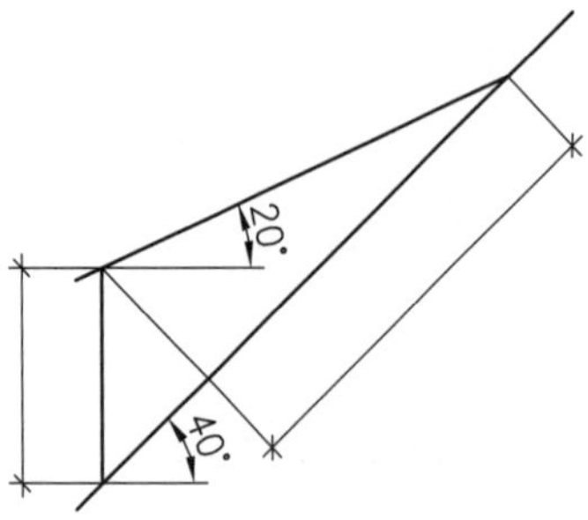

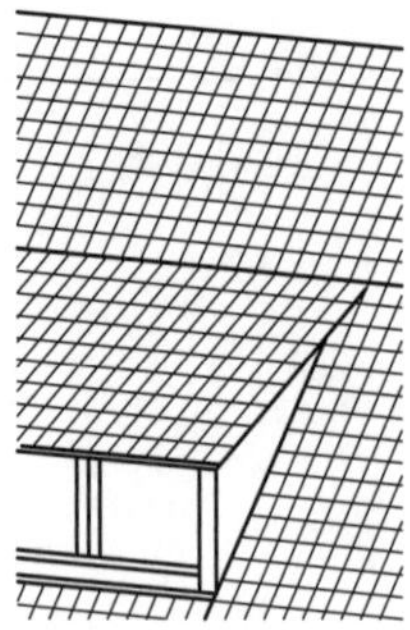

3. Für einen anderen Dachbereich ist eine Satteldachgaube vorgesehen.
Berechnen Sie a) die Länge der Traufe l_T
b) die Länge des Firstes l_F
c) die Neigungslänge der Kehle
d) die gesamte Dachfläche *A* der Gaube in m^2

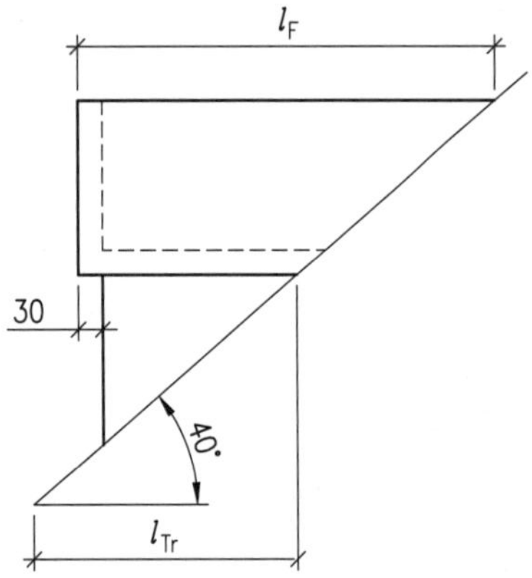

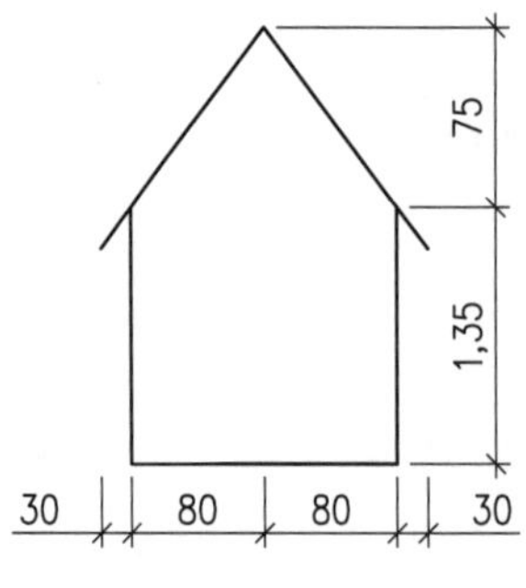

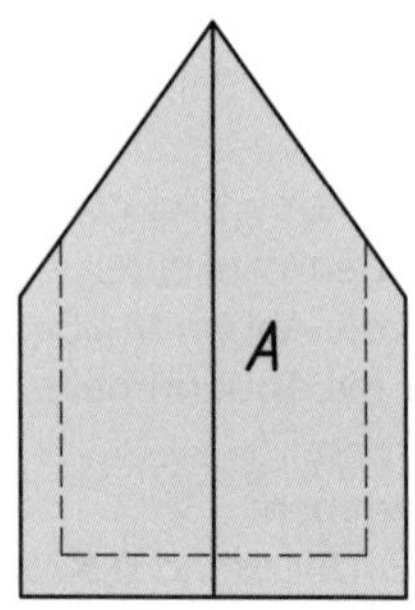

4. Für den Wandaufbau der Gaubenbacken sind folgende Materialien vorgesehen: PE-Folie (s_d-Wert 100 m), Mineralfaserdämmung 16 cm (λ = 0,040 W/Km), Baupapier (s_d-Wert 0,2 m), Faserzementplatten 2 cm (λ = 2,1 W/Km), Gipsfaserplatte 2 cm (λ = 0,5 W/Km).
   a) Wählen Sie einen Schichtaufbau (Skizze, Vertikalschnitt) von innen nach außen, benennen Sie die Bauteile und begründen Sie Ihre Wahl.
   b) Berechnen Sie den Wärmedurchgangskoeffizienten (U-Wert) des Backenaufbaus (R_{si} 0,13 m^2K/W, R_{se} 0,04 m^2K/W) und bewerten Sie das Ergebnis!

5. Für den Dachaufbau ist eine Aufsparrendämmung vorgesehen. Berechnen Sie die genaue Lattweite für die Schleppgaube, wenn die mittlere Lattweite nach Angaben des Ziegelherstellers zwischen 32 und 34 cm liegen soll.

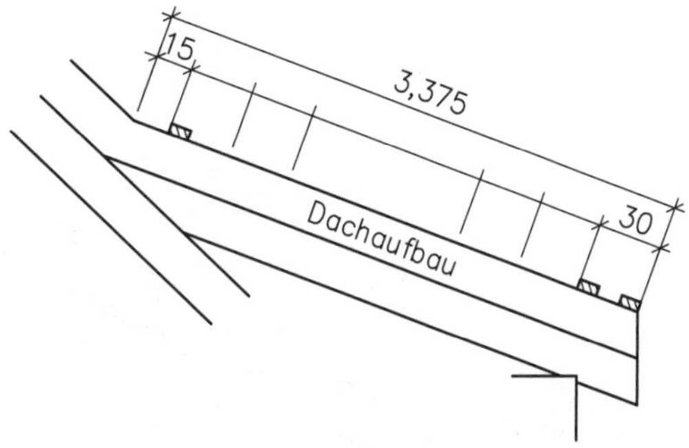

6. Als eine Möglichkeit der Deckung schlägt der Nachbar Falzziegel vor.
   Berechnen Sie a) die Eindecklänge,
   b) die zugehörige Sparrenlänge einschließlich Firstüberblattung.

   Es sollen bei der Dachneigung von 40° 17 Reihen mit einer mittleren Decklänge von 32,5 cm verwendet werden.

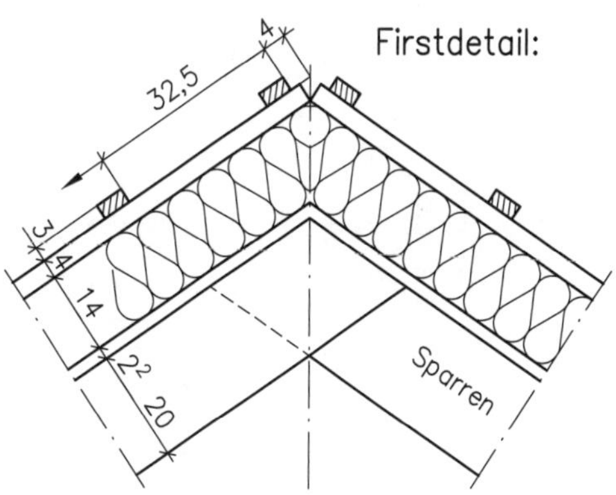

7. Im Zuge einer Deckmaßnahme mehrere Reihenhäuser verlegen zwei Spezialbaufacharbeiter mit einem Stundenlohn von 17,50 € insgesamt 160 m Dachlatten. Der Vorgabewert beträgt 0,16 Std./m.
Berechnen Sie a) den Bruttoleistungslohn jedes Arbeiters
b) den Leistungslohn pro Stunde beider Arbeiter, wenn jeder 11 Stunden gearbeitet hat.

8. Eine andere Möglichkeit ist die Eindeckung mit Flachdachpfannen. Berechnen Sie
a) die Gesamtdecklänge in OK-Konterlattung,
b) die Anzahl der Plattenreihen,
c) die genaue Sparrenlänge passend zu den gewählten Plattenreihen,
d) den genauen Dachüberstand.

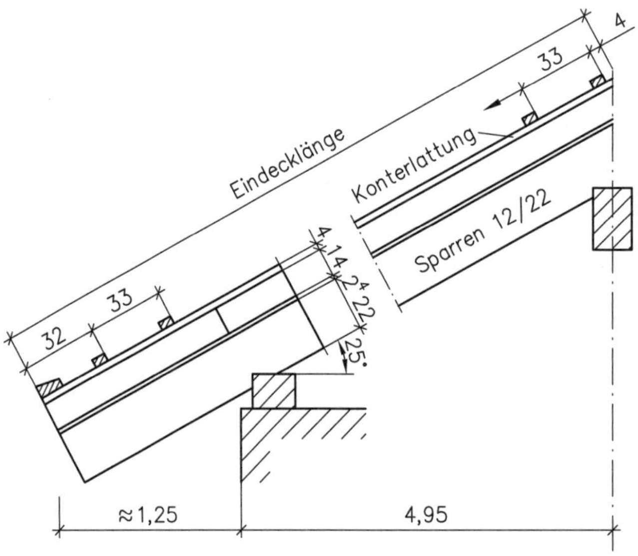

9. Auch mit Dachsteinen kann eingedeckt werden. Berechnen Sie bei einer Dachneigung von 24°
   a) die Anzahl der Plattenreihen unter Berücksichtigung der Höhenüberdeckung,
   b) den genauen Dachlattenabstand in cm,
   c) die exakte Höhenüberdeckung in cm.

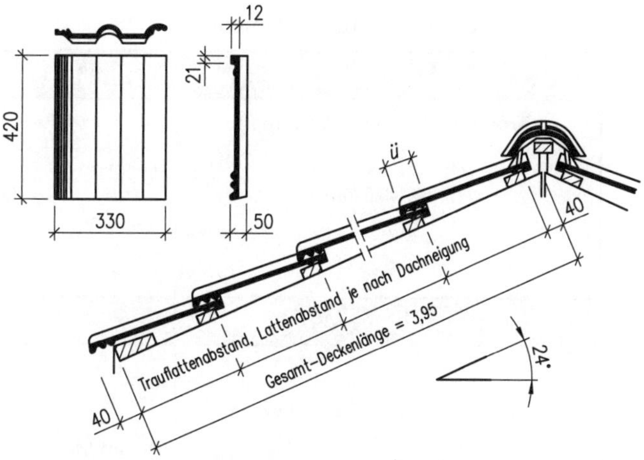

10. Eine weitere Dachkonstruktion wurde mit Biber-Doppeldeckung entsprechend der vorgegebenen Konstruktionszeichnung ausgeführt.
Erläutern Sie, wie Sie den erforderlichen Lattenabstand ermitteln, wenn die gesamte Decklänge mit 7,25 m vorgegeben war.

Trockenfirst mit Firstabdeckband

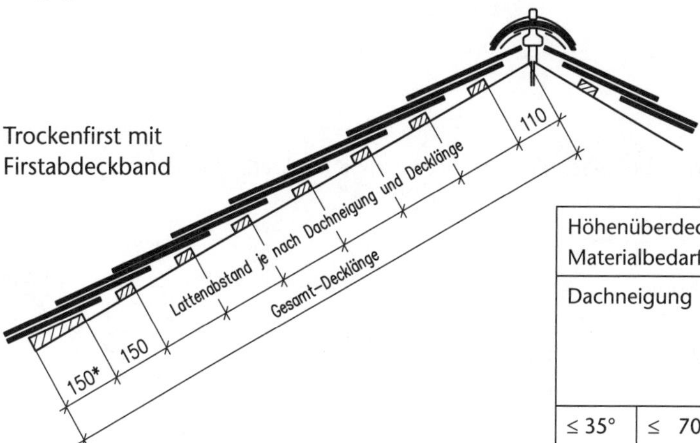

Höhenüberdeckung/Lattenabstand Materialbedarf				
Dachneigung		Höhen-über-deckung mind. (cm)	Latten-abstand max (cm)	Bedarf (St./m²)
≤ 35°	≤ 70 %	9,0	16,5	35,65
≤ 35°	≤ 84 %	8,0	17,0	34,60
≤ 35°	≤ 100 %	7,0	17,5	33,61
> 45°	> 100 %	6,0	18,0	32,68

11. Zur Herstellung des Trockenestrichs sollen Verbundelemente (2 · 12,5 + 10 mm MF) verwendet werden.
Berechnen Sie
   a) die Anzahl der benötigten Verbundelemente zur Herstellung des Trockenestrichs für den Wohn-/Essbereich (Fläche A = 30 m²) in „schleppender Verlegung",

b) das Gewicht eines Verbundelements.

Technische und bauphysikalische Daten						
Trockenunterboden-Systeme	**Maße**		**Gewicht**	**Wärmeleitfähigkeit (Rechenwerte)**		
Schemadarstellung ohne Maßstab	Element- bzw. Platten-dicke mm	Gesamt-dicke *D* mm	Element bzw. Platten ca. kg/m^2	λ_{10} Vidifloor W/(m/K)	λ_R PS/MF W/(m/K)	λ_R Trocken-schüttung W/(m/K)
F132 Vidifloor-Verbundelemente			**Deckmaß: 500/1500 mm**			
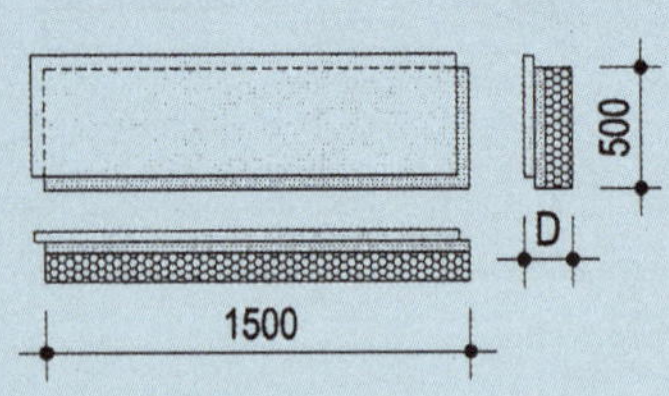	2 x 10 Gipsfaser + 10 mm MF	30	25	0,29	0,04	0,23
	2 x 12,5 Gipsfaser + 10 mm MF	35	31			
	2 x 10 Gipsfaser + 20 mm PS	40	25			
	2 x 10					

3.1.4 Technische Kommunikation

Eine Zeichnung sagt mehr als tausend Worte. Ihre Nachbarn erwarten einige konkrete Unterlagen. Fertigen Sie Pläne, Zeichnungen und Konstruktionsdetails.

1. Beschreiben Sie – bevor Sie die Kehlbohle zeichnerisch austragen – die einzelnen Arbeitsschritte. Nehmen Sie als Grundlage die vorliegende Konstruktionszeichnung.

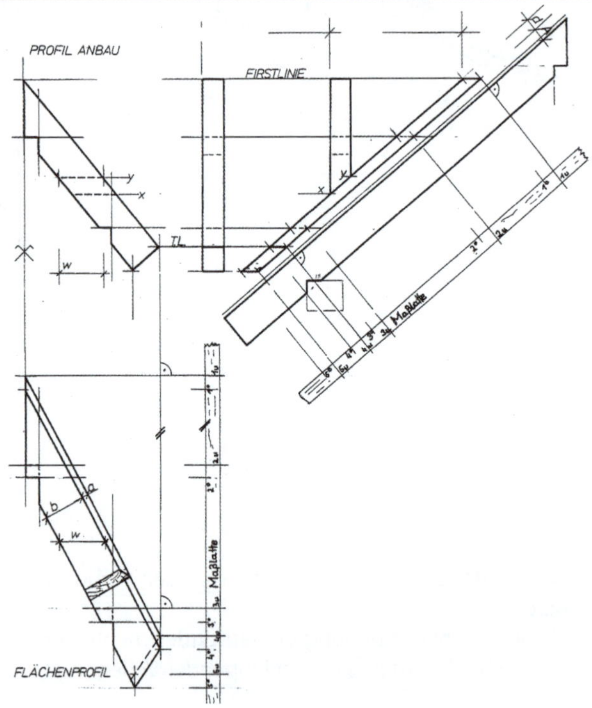

zu 1.

2. Ermitteln Sie anhand der Vorgaben das Flächenprofil der Kehlbohle und kennzeichnen Sie zur Veranschaulichung die Risslinien.

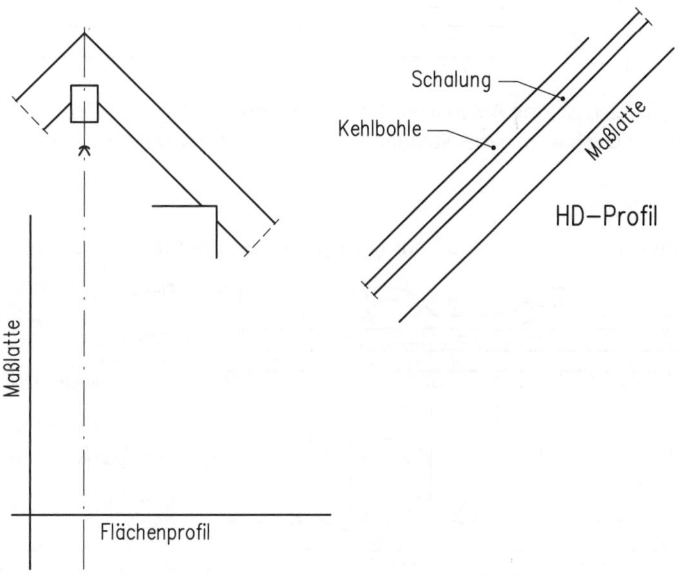

3. Wie eine Fledermausgaube aussehen könnte, veranschaulichen Sie den Nachbarn mit einer Zeichnung. Zeichnen Sie im Maßstab 1:20 die Vorderansicht der Fledermausgaube (einschl. der Durchdringungslinie des Gaubendachs mit dem Hauptdach = Kehlgrundlinie). Die wahre Kehllinie ist in die Vorderansicht zu konstruieren.

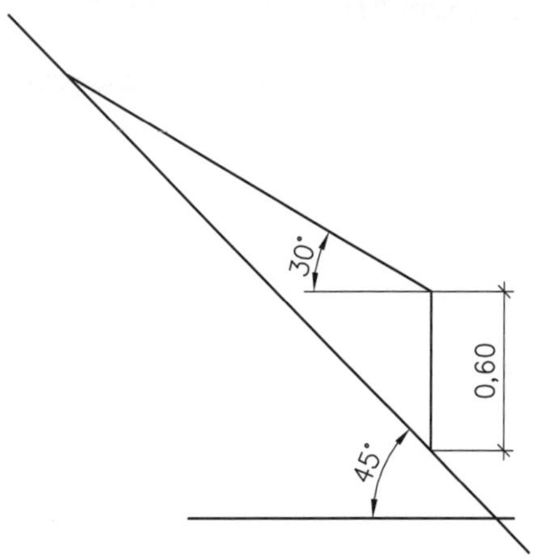

Dachdeckungen und Ausbau

4. Ihre Nachbarn entscheiden sich für eine Satteldachgaube. Zeichnen Sie die Vorderansicht der in der Seitenansicht (rechts) dargestellten abgewalmten Satteldachgaube im Maßstab 1:20 (Sparrensprungmaß 70 cm).

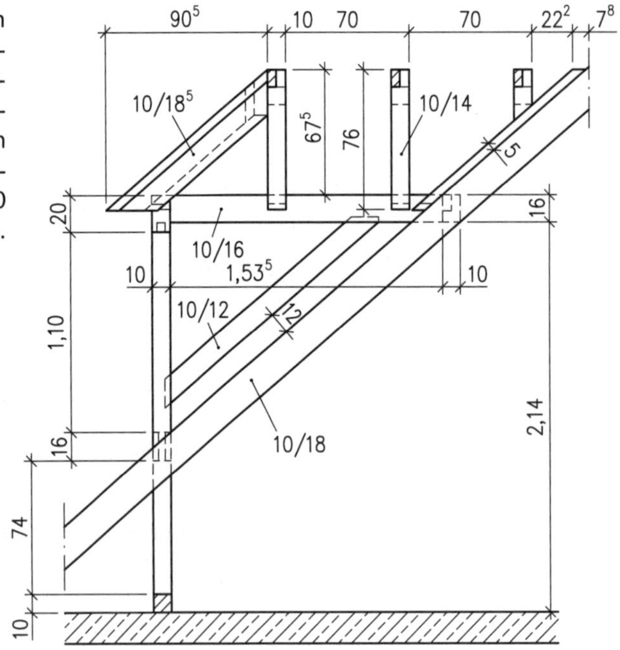

5. Im Bild zu Aufgabe 6, S. 125, ist eine Aufsparrendämmung vorgeschlagen. Zeichnen und bemaßen Sie alternativ den Schnitt durch den Dachaufbau des Steildachs mit einer Vollsparrendämmung, wie er in der Beispielzeichnung zu sehen ist.

Beispielzeichnung eines geprüften Dachaufbaus (Vollsparrendämmung) mit Holzweichfaserplatten:

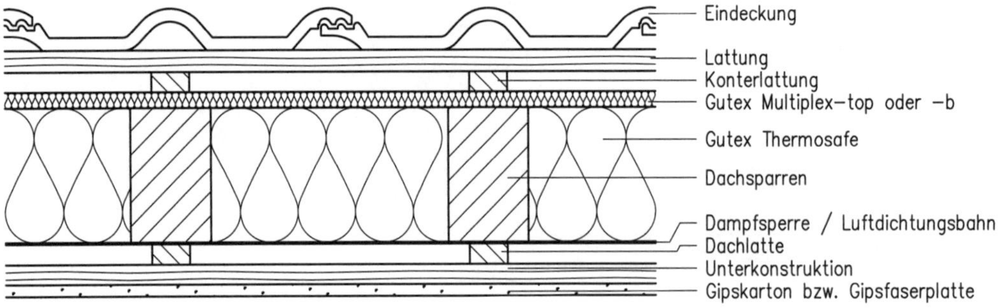

6. Überprüfen Sie rechnerisch, ob der Dachaufbau den nach der EnEV 2014 (Energieeinsparverordnung) geforderten U-Wert $\leq 0{,}20$ W/(m²K) erfüllt (mittlerer Wert).
Angaben:
Wärmedurchlasswiderstand der Luftschicht R Luft = 0,16 m²K/W; $R_{si} = 0{,}10$ m²K/W = R_{se}.
Dämmung WLG 040
Weitere zur Berechnung notwendige Stoffkennwerte sind den einschlägigen Tabellen zu entnehmen.

3.2 Gerade und gewendelte Treppen

Als Treppenbauer müssen Sie Ihre Arbeiten meistens selbstständig ausführen und sind dabei auf das eigene Wissen und Können angewiesen.
Die Architekten und Bauherrschaften mit ihren unterschiedlichen Fragen und vielfältigen Vorstellungen für die Planung, Gestaltung und Ausführung einer Treppe warten schon auf Ihre konkreten fachkundigen Erläuterungen und detaillierten Ausführungen über das Notwendige, Besondere und Wissenswerte zur fachgerechten Herstellung einer Treppe.

3.2.1 Allgemeine Fragen und Aufgaben

Für ein konstruktives Fachgespräch sind die Erklärung und Erläuterung der Grundlagen und Grundbegriffe im Treppenbau eine notwendige Voraussetzung.

Allgemeines, Begriffe und Bezeichnungen im Treppenbau

1. Erläutern Sie Ihren Gesprächspartnern den Begriff „Treppe“.

2. Erläutern Sie den Begriff „Treppenlauf“.

3. Erklären Sie mithilfe der Skizze die Begriffe:
   a) Trittstufe, b) Setzstufe,
   c) Trittfläche, d) Stoßfläche,
   e) Trittkante.

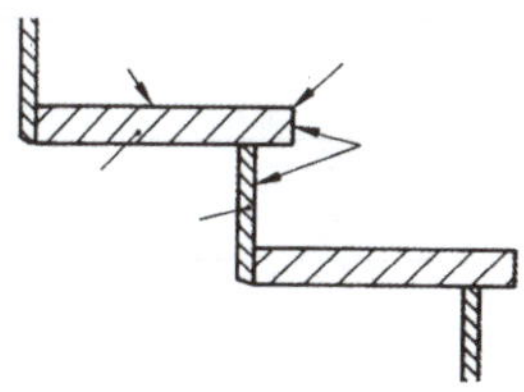

4. Erklären Sie mithilfe der Skizze die Begriffe:
   a) Auftrittsbreite *a*,
   b) Stufenbreite *b*,
   c) Stufenunterschneidung *u*,
   d) Steigungshöhe *s*.

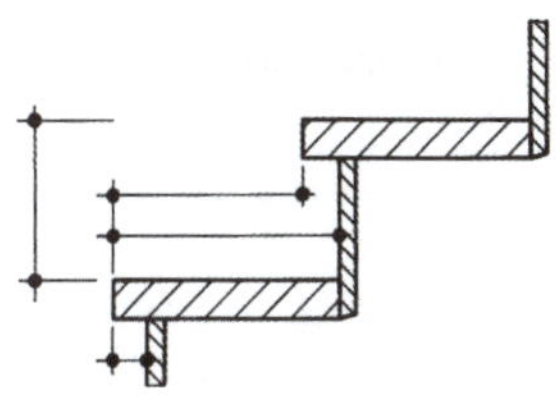

5. Erläutern Sie, was die Fachfrau bzw. der Fachmann unter dem „Steigungsverhältnis einer Treppe“ versteht?

6. Beschreiben Sie den Gesprächspartnern, welche Steigungsmaße *s* und welche Auftrittsmaße *a* in Wohngebäuden mit bis zu zwei Wohnungen, für notwendige Treppen nach der Norm nicht über- bzw. unterschritten werden sollten.

7. Berechnen Sie bei einem „idealen Steigungsverhältnis“ von 17/29 für eine Wohnhaustreppe die Neigung dieser Treppe.

8. Benennen Sie die „Schrittmaßregel“ im Treppenbau.

9. Nennen Sie die „Sicherheitsregel“ und die „Bequemlichkeitsregel“.

10. Erklären Sie, was unter einem „Meterriss“ zu verstehen ist.

11. Erläutern Sie den Unterschied zwischen „Lauflinie“, Lauflänge“ und „Treppengrund“ einer Treppe:

Lauflinie:

Lauflänge:

Treppengrund:

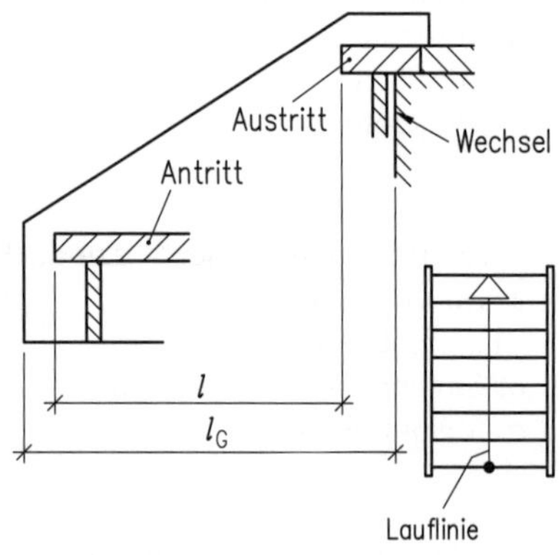

12. Erklären Sie die Begriffe „Geschosshöhe“, „Treppenlaufbreite“ und „nutzbare Treppenlaufbreite“.

13. Wie nennt man die letzte Stufe und die erste Stufe einer Treppe?

14. Bemaßen Sie bei der dargestellten Treppenstufe die Stufenlänge (*l*) sowie die Stufenbreite (b) und erläutern Sie Ihre festgelegten Maße den Gesprächspartnern.

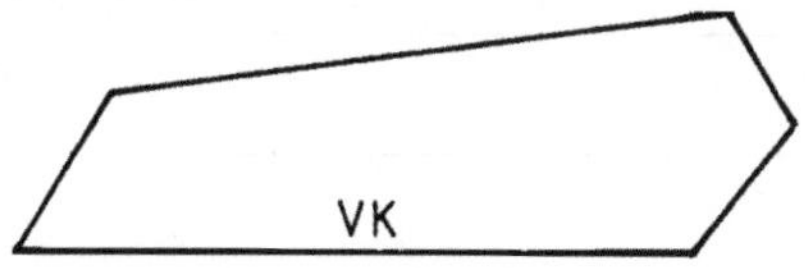

15. Erklären Sie, was der Treppenbauer unter dem „Besteck" versteht, und geben Sie an, welche „Bestecke" unterschieden werden.

Der Treppenbauer unterscheidet

a)

b)

c)

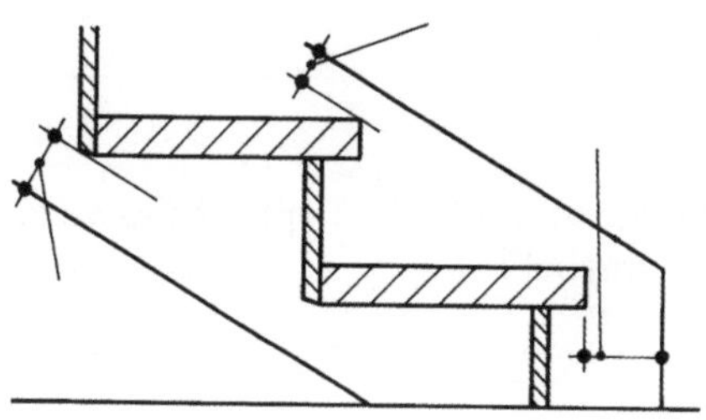

Welcher andere Begriff kann für „Besteck" auch verwendet werden?

16. Geben Sie an, wodurch sich die Stufenbreite von der Auftrittsbreite unterscheidet.

17. Warum ist die Zahl der Auftritte einer Treppe stets um 1 kleiner als die Zahl der Steigungen?

18. Anhand der Abbildung können Sie die Fachbegriffe nochmals erläutern. Benennen Sie die gekennzeichneten Teile mit den Fachbegriffen.

A: ____________________

B: ____________________

C: ____________________

D: ____________________

E: ____________________

1: ____________________

2: ____________________

3: ____________________

4: ____________________

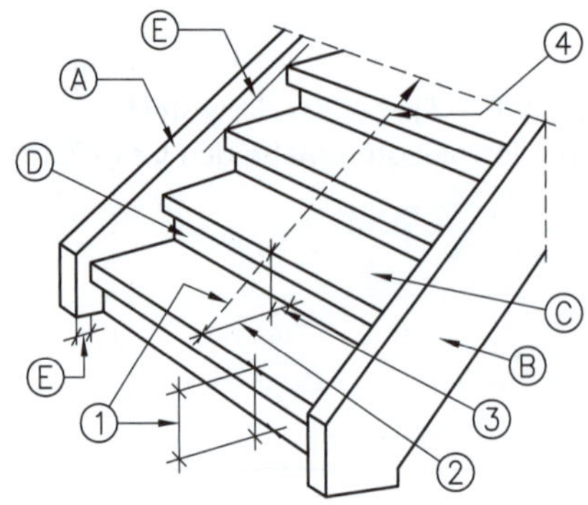

Treppenarten und Treppenkonstruktionen

19. Welche Treppenarten werden nach der Grundrissform (DIN 18065:2011-06 (Anhang B)) unterschieden?

a) ____________________

b) ____________________

c) ____________________

d) ____________________

20. Wann spricht der Treppenbauer von einer „Links-" bzw. „Rechtstreppe"?

____

____

____

____

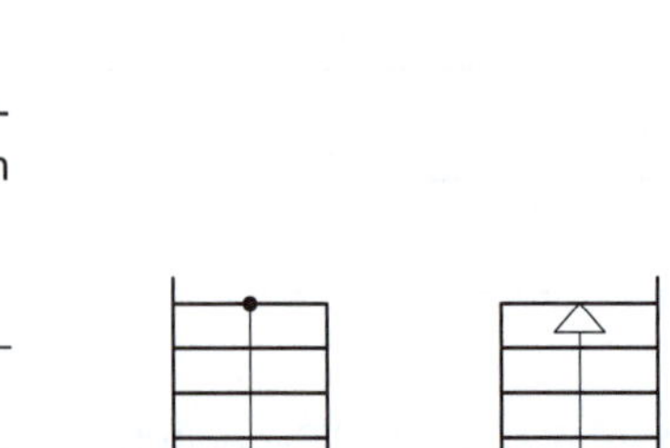

21. Welche Treppenart (nach der Grundrissform) ist in der Abbildung dargestellt? Kennzeichnen Sie weiterhin die Breite und die Tiefe der beiden Zwischenpodeste.

____

____

____

____

____

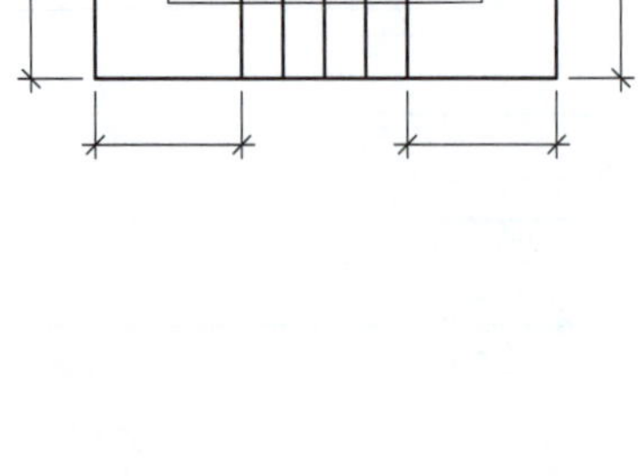

22. Welche weiteren Treppenarten nach der Grundrissform sind zu unterscheiden? Bezeichnen Sie die dargestellten Treppen fachgerecht.

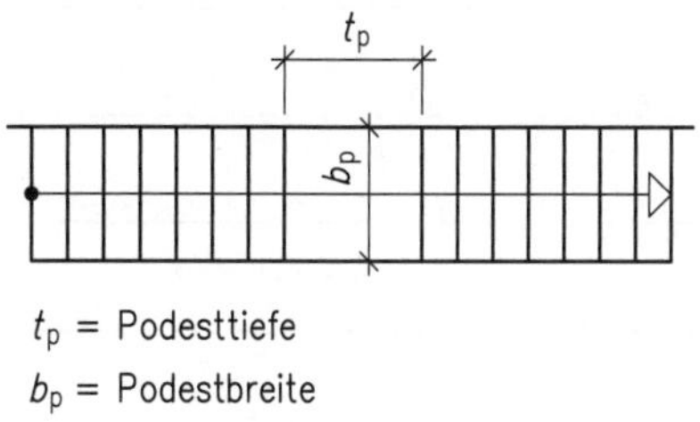

a)

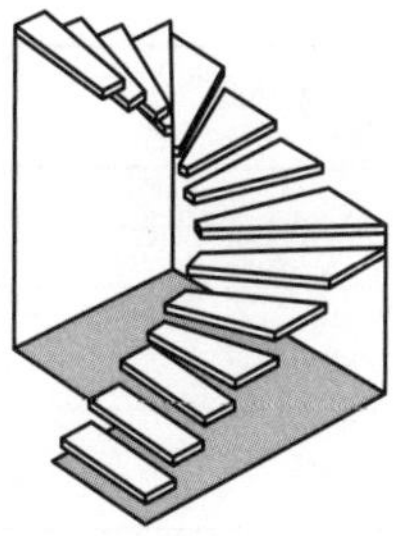

b)

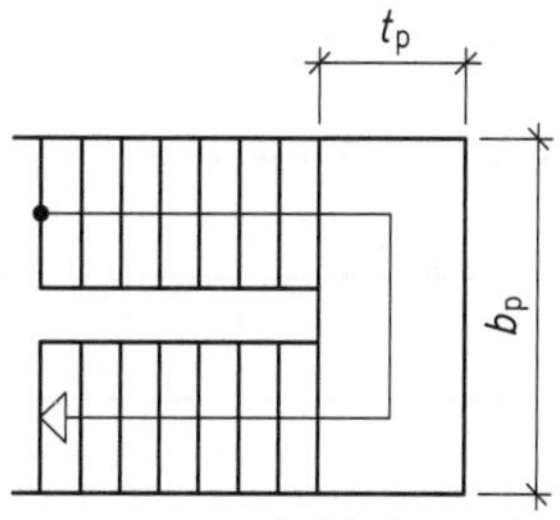

c)

a) ______________________________

b) ______________________________

c) ______________________________

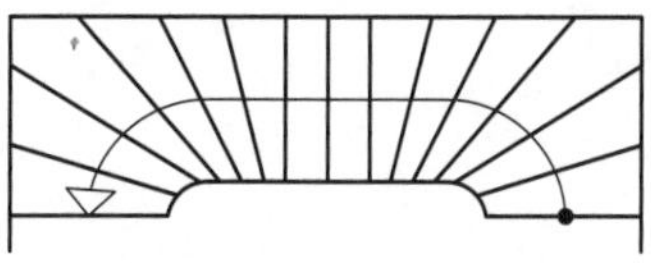

d)

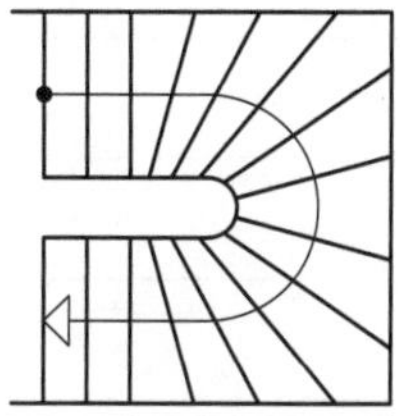

e)

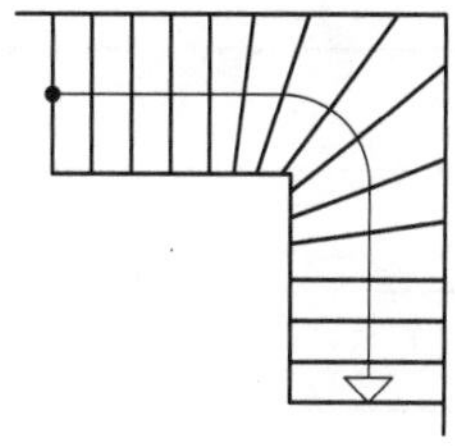

f)

d) ______________________________

e) ______________________________

f) ______________________________

23. Beschreiben Sie die Aufgaben der Podeste im Treppenbau.

____

____

____

____

____

24. Diskutieren Sie, welche Podestlängen für Podeste gewählt werden sollten.

____

____

____

____

____

____

25. Welche fünf Treppenarten werden nach der Konstruktion bei der Herstellung von Holztreppen unterschieden?

a) ______

b) ______

c) ______

d) ______

e) ______

26. Bezeichnen Sie die in den Abbildungen dargestellten Treppenarten (nach der Konstruktion) fachgerecht.

a) ______

______

b) ______

______

c) ______

______

d) ______

______

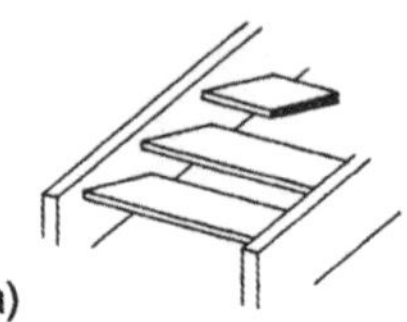
a)

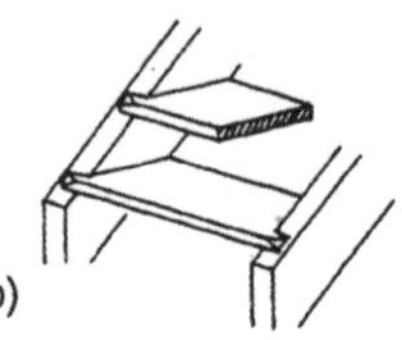
b)

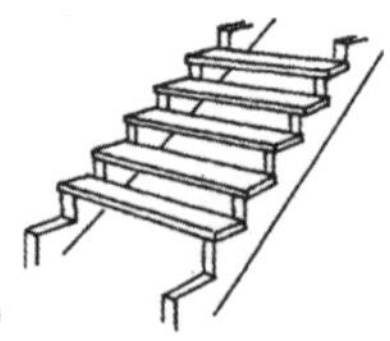
c)

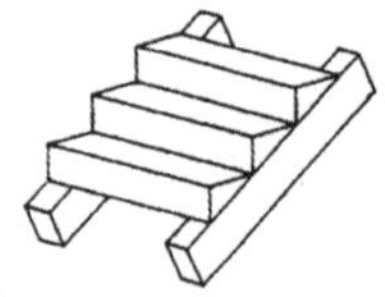
d)

27. Erläutern Sie die dargestellte Treppenart und verdeutlichen Sie die statisch-konstruktiven Vorteile dieser Ausführung.

______

______

______

______

______

______

______

______

______

______

______

______

______

______

______

Vorschriften und Regeln im Treppenbau

Um die fachgerechte Herstellung einer Treppe zu gewährleisten und um ein sicheres Begehen zu ermöglichen, müssen beim Treppenbau bestimmte Regeln und Empfehlungen beachtet und eingehalten werden. Zeigen Sie Ihren Gesprächspartnern einige dieser Bestimmungen und Vorschriften auf.

28. Welches senkrechte lichte Höchstmaß in cm darf zwischen zwei Trittstufen einer Treppe offener Bauart nicht überschritten werden?

___

29. Welche Mindestauftrittsbreite in cm muss an der inneren Begrenzung der nutzbaren Laufbreite bei Wendelstufen bei Wohngebäuden mit bis zu 2 Wohnungen eingehalten werden?

___

30. Welche Mindestdicken in mm sind an Furnieren bei der Verwendung furnierter Trittstufen für die Decklagen vorgeschrieben?

___

___

31. Welche Holzfeuchte in % ist für die Treppenteile beim Einbau der Treppe nach DIN 18334 vorgeschrieben?

___

___

32. Zeigen Sie auf, welche lichte Treppendurchgangshöhe in cm für das sichere Begehen einer Treppe eingehalten werden muss, und verdeutlichen Sie Ihren Gesprächspartnern, an welcher Stelle dieses Maß gemessen wird.

___

___

33. Führen Sie auf, welche Treppen mit einer Unterschneidung ausgeführt werden müssen.

___

___

34. Geben Sie die Stufenanzahl an, bei der bei einer Treppe ein Podest angeordnet werden muss.

___

___

35. Benennen Sie den Abstand in cm zwischen den Treppenläufen und -podesten zur Wand bzw. zum Geländer, der nicht überschritten werden darf.

___

___

36. Welche nutzbare Treppenlaufbreite in m muss in Wohngebäuden mit nicht mehr als zwei Wohnungen mindestens vorhanden sein?

___

___

37. Geben Sie weiterhin die Mindesthöhen der Treppengeländer in cm an und führen Sie aus, an welcher Stelle diese Höhe gemessen wird.

____

____

38. Welche Sicherheitsmaßnahmen sind bei Treppen in Gebäuden, in denen mit der Anwesenheit von Kindern zu rechnen ist, zu beachten?

____

____

39. Erläutern Sie, in welcher Höhe Handläufe anzubringen sind, sodass sie bequem genutzt werden können, und wie dieses Höhenmaß gemessen wird.

____

____

40. Benennen Sie den Mindestabstand in cm zu benachbarten Bauteilen, damit Handläufe bequem und sicher benutzt werden können.

____

____

41. Wie soll ein Handlauf ausgebildet sein, und welche Mindestquerschnitte in mm sind für einen Handlauf vorgeschrieben?

____

____

3.2.2 Treppenbautechnik

Ihre beiden Gesprächspartner haben Handskizzen mitgebracht. Die Unterlagen zeigen die räumliche Situation für den späteren Einbau einer geraden und einer gewendelten Treppe.
Sie erwarten, dass Sie die Planungsunterlagen begutachten und unter Berücksichtigung der baulichen Gegebenheiten sowie der einschlägigen Regeln und Vorschriften und der Vorstellungen der Bauherrschaften Lösungsvorschläge erarbeiten.
Hierzu müssen Sie vorab noch einige Gesichtspunkte ansprechen und klären.

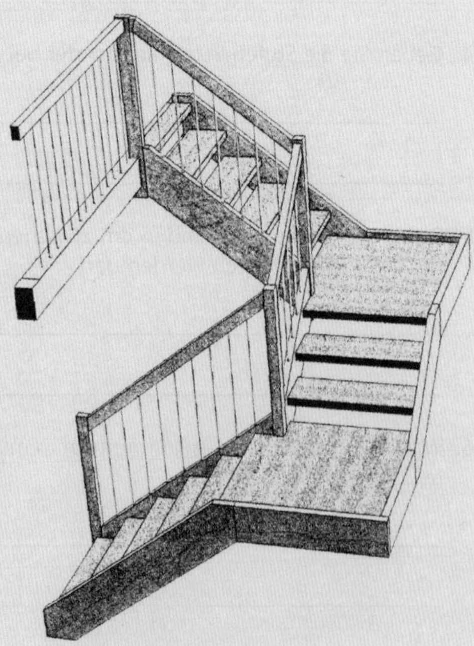

1. Geben Sie an, welche Maße einer geraden Treppe für den Aufriss und die Herstellung mindestens aufgemessen werden müssen.

– ______________________________

– ______________________________

– ______________________________

– ______________________________

– ______________________________

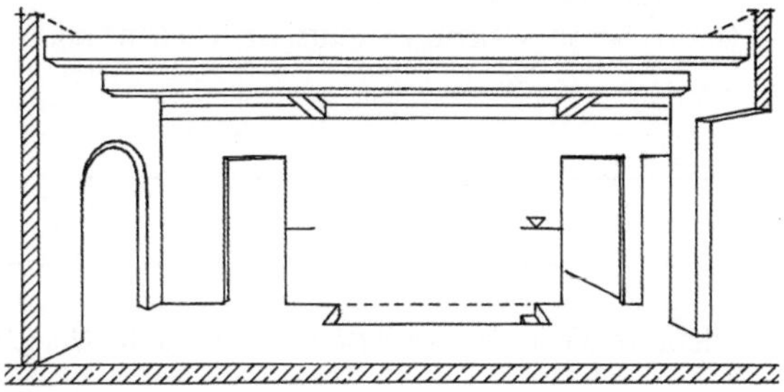

2. Zeigen Sie auf, welche Maße einer viertelgewendelten Treppe für den Aufriss und die Herstellung aufgemessen werden.

– ______________________________

– ______________________________

– ______________________________

– ______________________________

– ______________________________

– ______________________________

– ______________________________

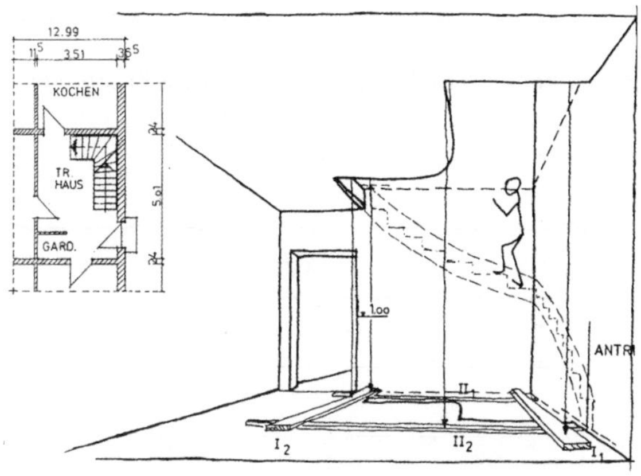

3. Geben Sie auch an, welche Kontrollmaße zusätzlich zu den Mindestmaßen ermittelt werden sollten.

____

____

____

4. Erläutern Sie den Gesprächspartnern, von welchen Maßen die Wangenhöhe (h_w) einer einläufig geraden Treppe abhängt.

a) ______________________________

b) ______________________________

c) ______________________________

5. Von welchen Kriterien hängt die Stufendicke einer Treppe ab?

a) ______________________________

b) ______________________________

c) ______________________________

d) ______________________________

6. Eine Treppe darf beim Belasten durch das Begehen nicht nachgeben. Die inneren Kräfte der Treppe (Holzdicken, Konstruktion, Zusammenbau) müssen so groß sein wie die von außen angreifenden Kräfte (Eigengewicht, Verkehrslast).
Geben Sie an, welche Verkehrslast in kN/m^2 nach DIN EN 1991-1-1 für Treppen in Wohngebäuden anzusetzen ist.

____

____

7. Erläutern Sie in diesem Zusammenhang die Ursache für das Knarren einer Treppe.

____

____

____

8. Durch welche Maßnahmen kann das Knarren einer Treppe vermieden werden?

a) ____

b) ____

c) ____

d) ____

e) ____

9. Erläutern Sie, welche allgemeine Eigenschaften Treppenhölzer besitzen sollten.

____

____

10. Nennen Sie drei geeignete einheimische Hölzer für den Treppenbau und beschreiben Sie deren dekoratives Aussehen sowie ihre Verwendbarkeit.

a) ____

____

b) ____

____

c) ____

____

11. Ihre Gesprächspartner haben sich für eine Buchetreppe entschieden. Erläutern Sie die Begriffe der Bestellliste für die Holzgroßhandlung.

Buche unbesäumt		
Art	**Qualität**	**Stärke in mm**
Blockware, **natur**	A–AB	20-24-26-30-32-35-38-40-45-50-52-55-60-65-70-80-90-100
Blockware, **gedämpft**	A–AB, BC	20-26-32-35-40-45-52-65

Was bedeuten die folgenden Begriffe:
a) unbesäumt:

b) natürlich:

c) gedämpft:

d) Qualität A – AB, BC:

12. Der Holzgroßhändler hat von der Blockware mehrere aufgeschnittene Stämme vorrätig. Erläutern Sie, welche zwei Bohlen Sie aus diesem Angebot auswählen, und begründen Sie Ihre Wahl.

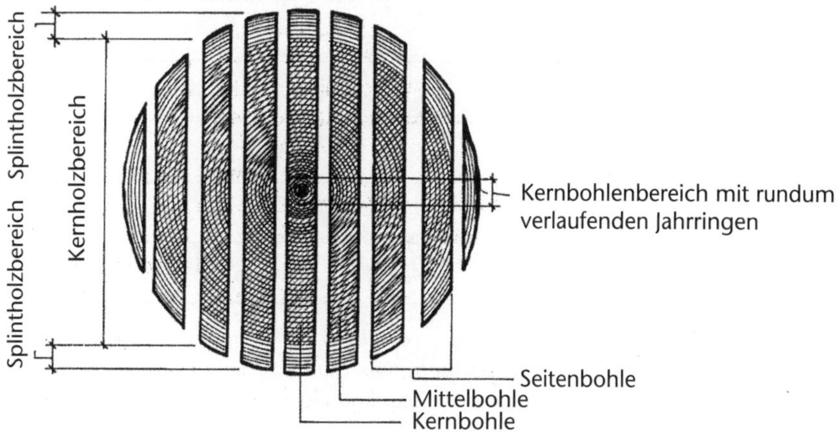

zu 12.

13. Oft ist es notwendig, die Trittstufen aus mehreren Bohlenteilstücken zusammenzuleimen. Diskutieren Sie die angeführten Verleimmöglichkeiten, entscheiden Sie sich für eine Möglichkeit, und begründen Sie Ihre Wahl.

a) 

b) 

c) 

d) 

14. Beschreiben Sie schrittweise den Gesprächspartnern, wie man aus den gekauften Bohlen die benötigten Treppenstufen herstellt. Überlegen Sie sich den Arbeitsablauf genau, verwenden Sie Fachausdrücke und formulieren Sie verständlich und knapp.

zu 14.

15. Beschreiben Sie, warum beim Massivholztreppentritt die rechte Seite nach oben genommen werden muss.

a)

b)

c)

d)

16. Erläutern Sie den Zweck einer Oberflächenbehandlung bei Holztreppen, und zeigen Sie einige Möglichkeiten auf.

17. Die konstruktive Durchbildung der Treppe soll nach dem angegebenen statischen System erfolgen. Beurteilen Sie das untere Wangenauflager bezüglich der Standsicherheit.

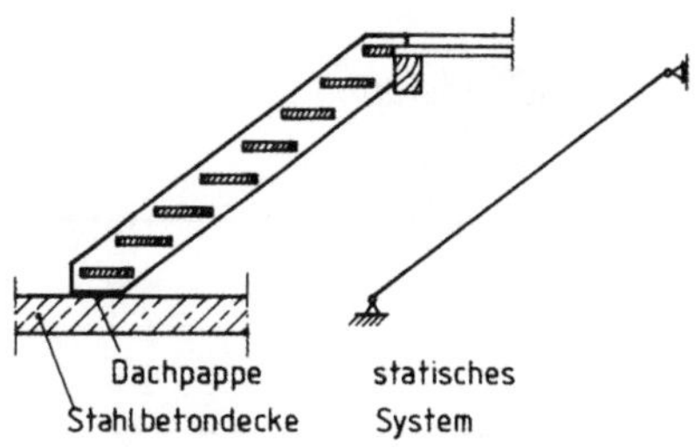

Dachdeckungen und Ausbau

18. Erläutern Sie, welche Bedeutung der Gehbereich und die Lauflinie für das Aufreißen gewendelter Treppen haben.

19. Nennen Sie wichtige Grundregeln für das Verziehen der Stufen bei Treppen mit gewendelten Laufteilen.

20. Wie (in welcher Richtung) muss bei massiven Wendeltrittstufen die Holzfaser verlaufen?

21. Erläutern Sie das dargestellte Verbindungsmittel für den Treppenbau. Benennen Sie auch die einzelnen Teile.

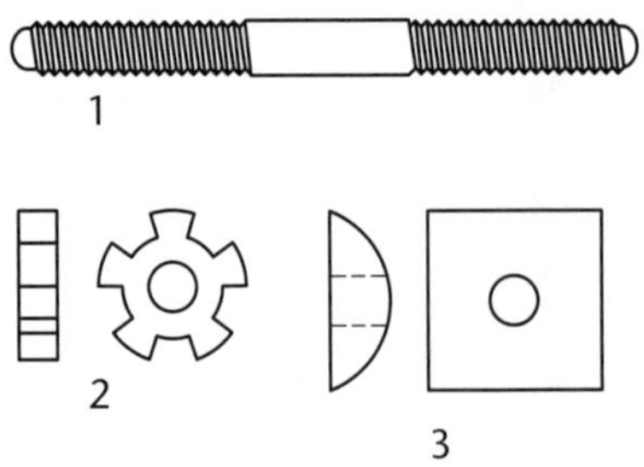

1.

2.

3.

22. Wozu braucht der Zimmerer eine Verstreckungsschablone?

23. Erläutern Sie den beiden Gesprächspartnern den Zweck von Treppengeländer bzw. Handlauf.

24. Unterscheiden Sie verschiedene Geländerarten, und benennen Sie die Konstruktionshölzer eines Treppengeländers.

a) Geländerarten

b) Konstruktionshölzer

25. Erläutern Sie, welche Geländerpfosten unterschieden werden.

– ______________________ – ______________________

– ______________________ – ______________________

26. Verdeutlichen Sie die Aufgabe dieser Geländerpfosten.

27. Erklären Sie den Fachbegriff „Baluster“.

28. Zeigen Sie Übergangsmöglichkeiten (Verbindungsmöglichkeiten) auf, die untere Freiwange mit der oberen Freiwange einer gewendelten Treppe zu verbinden.

a) ______________________

b) ______________________

c) ______________________

29. Welcher Krümmling ist in der Abbildung dargestellt?

30. Beurteilen Sie die beiden dargestellten Treppenaustrittsdetails. Wählen Sie für Ihre Argumentation die konstruktiv beste Lösung aus, und begründen Sie gegenüber den Gesprächspartnern Ihre Wahl.

a)

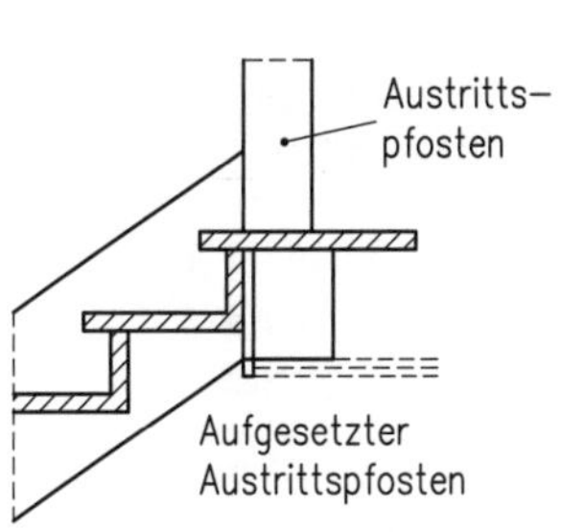

b)

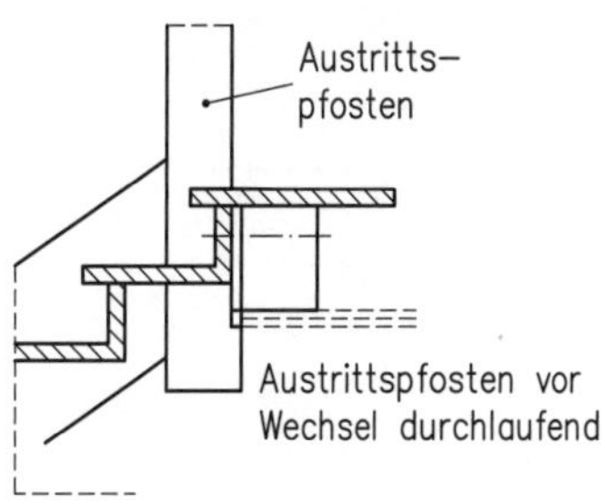

31. Machen Sie anhand der Tabelle Angaben darüber, ob eine Buchentrittstufe (d = 50 mm) die Forderung der DIN 4102 für F30-B einer vierseitigen Brandbeanspruchung erfüllen würde (a = 26 cm, u = 4 cm, Stützweite 90 cm).

Stufenmaterial Treppen und Stufenbreiten *b* in mm

Stufenmaterial	Stützweite *l* in m									
	0,80		0,90		1,00		1,10		1,20	
	Stufenbreite *b* in mm									
	240	300	240	300	240	300	240	300	240	300
Nadelholz S 10	32	30	35	32	37	35	40	37	42	39
	67	***65***	***69***	***66***	***70***	***67***	***71***	***68***	***72***	***69***
Buche, mittlere Güte	30	28	32	30	35	32	37	34	39	37
	67	***65***	***69***	***66***	***70***	***67***	***71***	***68***	***72***	***69***
Eiche, mittlere Güte	30	28	32	30	35	32	37	34	39	37
	51	***49***	***52***	***50***	***53***	***51***	***54***	***52***	***55***	***53***
Bau-Furniersperrholz (BFU)	36	34	39	36	42	39	45	42	48	44
	40	***40***	***45***	***45***	***45***	***45***	***50***	***50***	***55***	***55***
Verbundstufen aus Stabsperrholz mit Decklagen aus Hartholzfurnieren oder BFU	44	44	44	44	44	44	44	44	44	44
	48	***44***	***50***	***48***	***52***	***50***	***54***	***52***	***56***	***54***
Die gerade gedruckten Werte entsprechen der Mindestdicke nach DIN 1052. Die fett und kursiv gedruckten Werte erfüllen die Forderungen der DIN 4102 für F 30-B einer vierseitigen Brandbeanspruchung.										

Quelle: Walter Bläsi, Tabellenbuch Zimmerer, Bildungsverlag EINS

3.2.3 Werkstofftechnik und Werkstoffbedarf

Ihre beiden Gesprächspartner wollen natürlich ganz genau wissen, ob die Vorstellungen und Überlegungen „ihrer" Treppe auch realisierbar sind. Entspricht die Treppe überhaupt den Vorschriften und Normen?
Für einen ausführlichen Meinungsaustausch wurden Sie gebeten, einige Berechnungen durchzuführen.

1. Berechnen Sie für die aufgemessene gerade Treppe
   a) die Anzahl der Steigungen n_{STG},
   b) die Steigungshöhe s in mm,
   c) die Auftrittsbreite a in mm,
   d) die Lauflänge L in m,
   e) die Treppenneigung α.

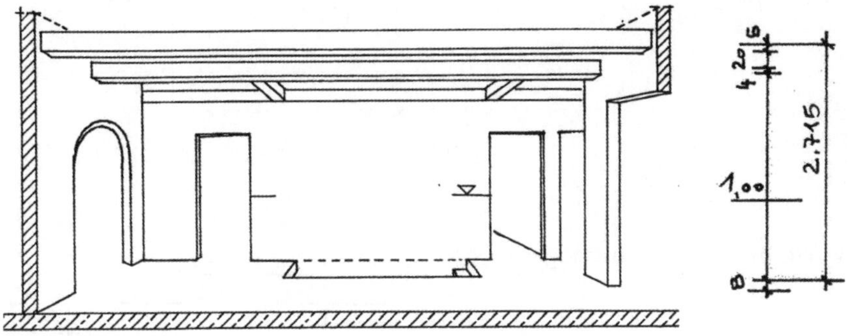

Aufmaß-Skizzen

OG:

EG:

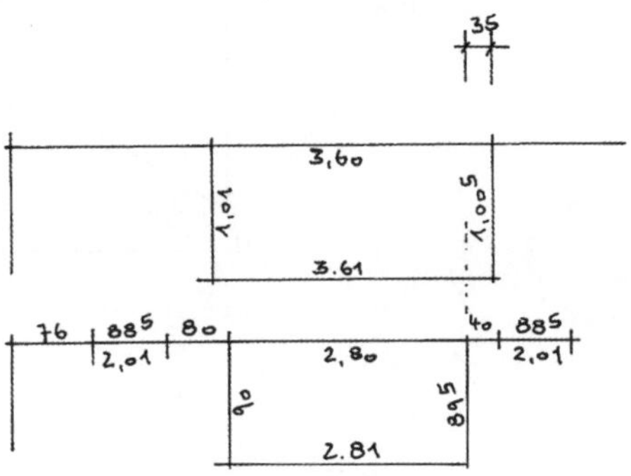

2. Die Geschosshöhe des Wohnhauses beträgt 2,71 m.
   a) Veranschaulichen Sie den Größenunterschied der Lauflängen bei den zwei möglichen Planungsannahmen:
      – Treppe 1: Treppe mit 14 Steigungen
      – Treppe 2: Treppe mit 16 Steigungen
   b) Entscheiden Sie, ob die beiden Treppenvarianten für den vorhandenen Treppenraum geeignet sind.

3. Prüfen Sie rechnerisch nach, ob für die gewählte Treppe (H = 2,715 m, 15 Steigungen, u = 4 cm, 2 cm Treppenraumbalkenverkleidung) die lichte Treppendurchgangshöhe den Anforderungen der DIN 18065 entspricht.

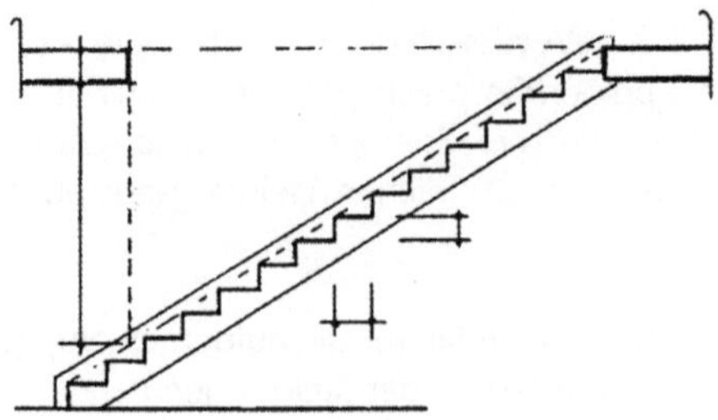

4. Berechnen Sie für die gewählte Treppe die kleinstmögliche Treppenöffnung $L_{TÖ}$.

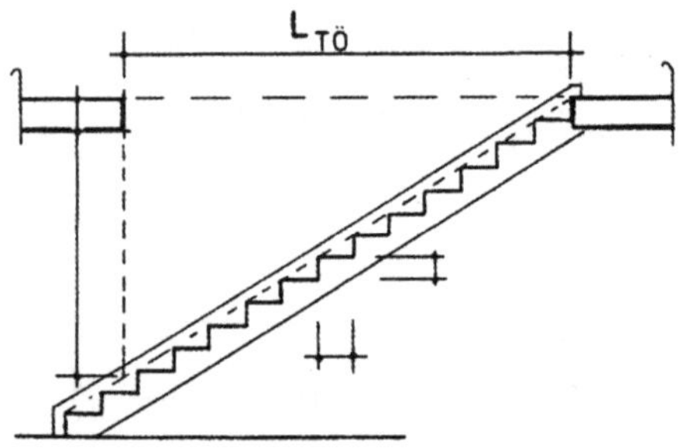

5. Berechnen Sie für die geplante Treppe (Wangentreppe, halbgestemmt, Unterschneidung 40 mm, Stufendicke 50 mm, oberes/unteres Besteck 40 mm) die Wangenhöhe h_W.

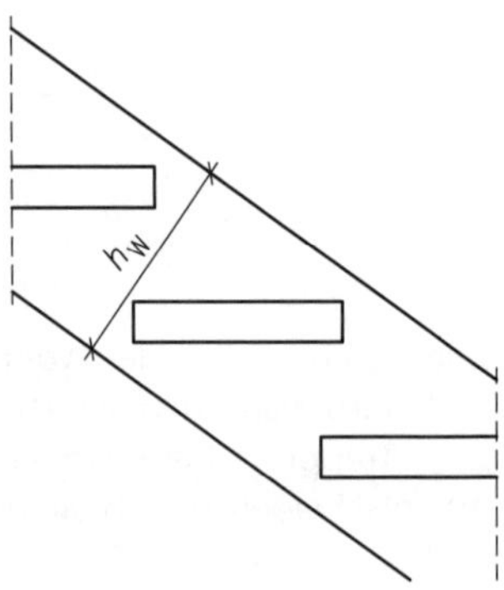

6. Wie viel Kubikmeter Treppenholz werden für eine gerade Treppe (Wangentreppe, halbgestemmt, Treppenbreite (außen) 92 cm, Wangendicke 60 mm, Stemmtiefe 20 mm) benötigt? Ermitteln Sie den Materialbedarf an Treppenholz. Rechnen Sie mit einem Verschnittsatz von 13 %.

7. Die Stufen sollen auf der Formatkreissäge zugeschnitten werden. Welche Drehfrequenz muss gewählt werden, damit bei einem Sägeblattdurchmesser von 400 mm eine Schnittgeschwindigkeit von ca. 95 m/s erreicht wird?

8. In der Abbildung 2 ist das Detail des Antrittstragholms (mit Geländer aus Handlauf, Staketen und Untergurt) einer baurechtlich notwendigen Treppe dargestellt.
Prüfen Sie rechnerisch nach, ob die abgebildete Treppenkonstruktion den Anforderungen der DIN 18065 Rechnung trägt.

Textauszug aus DIN 18065:2011-06:
6.8.5 Geländer über Treppenläufen.
Liegt das Treppengeländer über dem Treppenlauf, so ist die Unterkante des Treppengeländers so auszubilden, dass zwischen ihr und den Stufen ein auf der Auftrittsfläche liegender Würfel mit einer Kantenlänge von 15 cm nicht hindurchgeschoben werden kann (siehe Abbildung 1).

1 Unterkante Treppengeländer nach 6.8.5, z. B. Durchlaufender Untergurt
2 Trittfläche (Auftritt)
3 Setzstufe
4 Messebene für Treppengeländerhöhe bzw. Treppenhandlaufhöhe
5 Würfel, **Kantenlänge 15 cm**
6 Podest

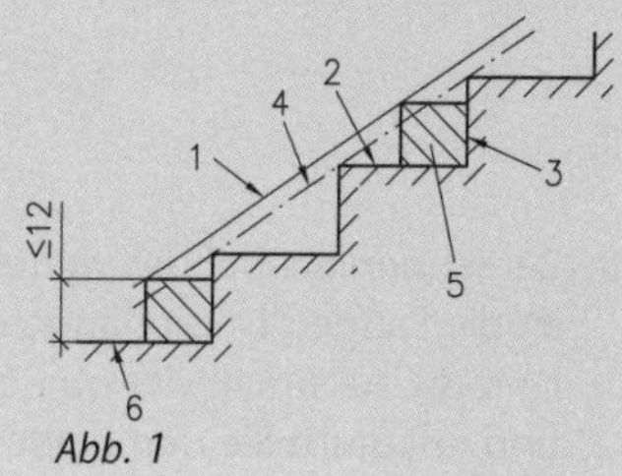

Abb. 1

Abbildung 2:

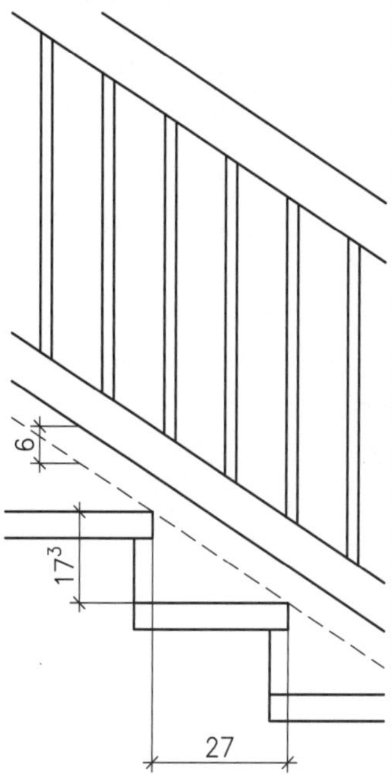

9. Berechnen Sie die Schwundmaße (tangential und radial) eines 120 mm breiten und 50 mm dicken Kernbohlenstücks, wenn das Holz (Buche) der aufgerichteten Treppe eine Holzfeuchte von 11 % hat.

Rechenwerte der Schwund- und Quellmaße je 1 % Veränderung der Holzfeuchte in %			
Holzarten	Tangential	Radial	Mittel aus Tang. und Rad.
	%	%	%
Fichte, Kiefer, Tanne, Lärche	0,33	0,19	0,26
Eiche, Ahorn, Sipo, Sapeli	0,33	0,19	0,26
Buche, Esche	0,38	0,22	0,30
Teak, Merbau	0,26	0,16	0,21

10. Berechnen Sie bei der viertelgewendelten Treppe (16 STG, 17/27):
   a) die Länge der Lauflänge in m,
   b) das Grundmaß der oberen Wandwange *X*,
   und erläutern Sie den beiden Ihre Berechnung.

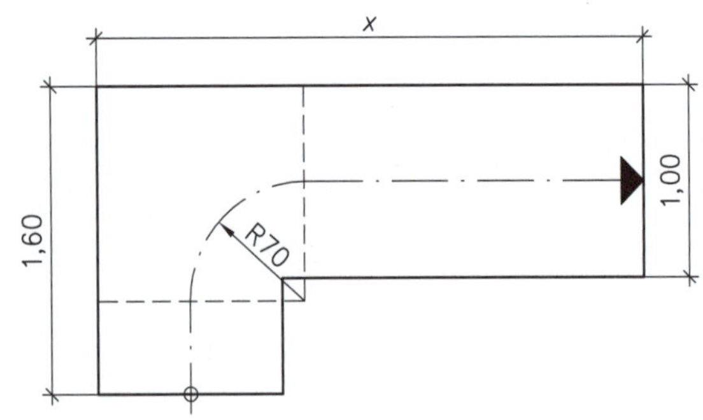

11. Als weiteres Beispiel sollen Sie die angegebenen Treppenmaße für ein Einfamilienhaus mit einer Geschosshöhe von 2,85 m berechnen und die Vorgehensweise Ihrer Berechnung erläutern. Berechnen Sie:
a) die Anzahl der Steigungen n_{St},
b) die Steigungshöhe s in mm; die Auftrittsbreite a in mm,
c) die Lauflänge l in m; die Teillauflänge l_3 in m,
d) das Treppengrundmaß l_{G2} in m,
e) die Auftrittsbreiten der zu verziehenden Stufen an der Freiwange, die Stufen 2–8 werden verzogen.

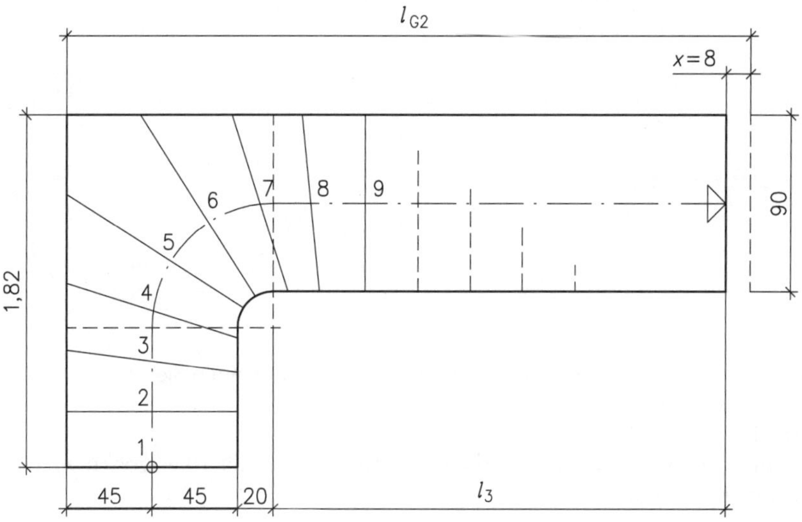

12. Berechnen Sie anhand der Maßskizze für die Treppe mit einer Geschosshöhe von 2,64 m:
a) die Lauflänge L in m,
b) die Anzahl der Steigungen, wenn die Stufenhöhe zwischen 17 und 18 cm liegen soll,
c) die Steigungshöhe in mm,
d) die Auftrittsbreite auf der Gehlinie in mm.
Überprüfen Sie das Schrittmaß der vorgegebenen Treppe.

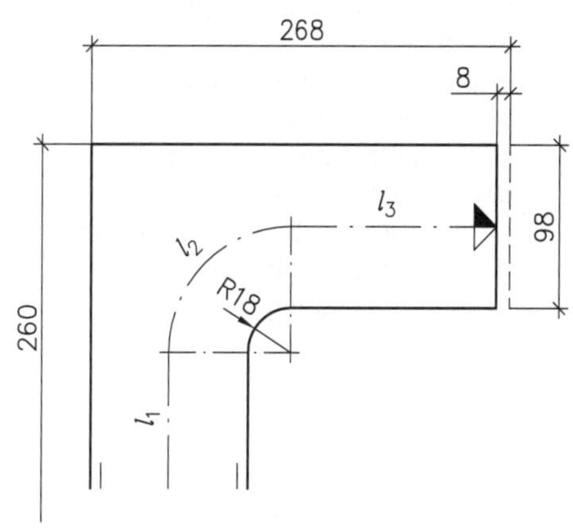

Dachdeckungen und Ausbau

zu 12.

13. Die Stockwerkshöhe der dargestellten Treppe beträgt 2,75 m. Berechnen Sie:
   a) die Steigungshöhe in mm,
   b) die Auftrittsbreite; das Schrittmaß in mm,
   c) die Auftrittsbreiten an der Freiwange in mm, wenn die Stufen 2 mit 10 verzogen werden.
   d) Erläutern Sie Ihre Berechnung.

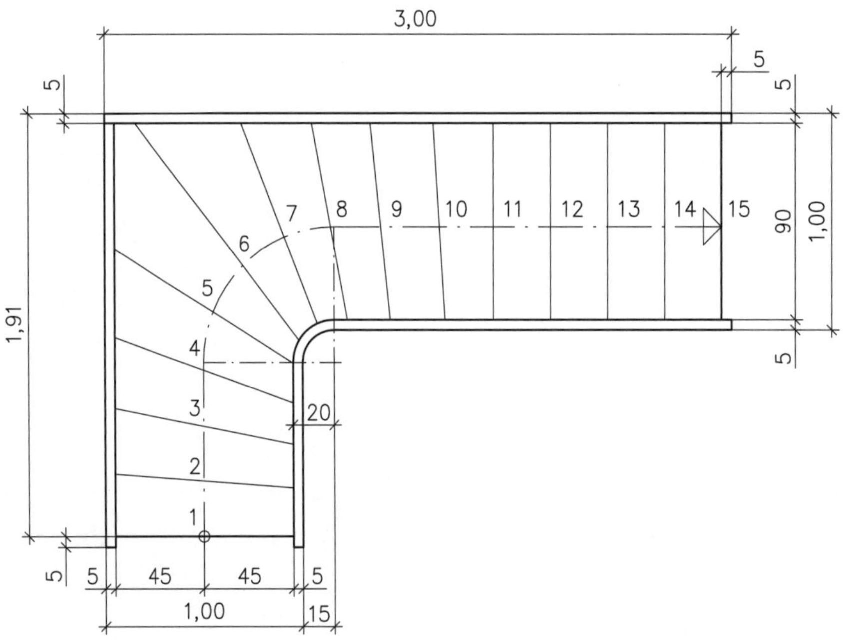

14. Ermitteln Sie für die aufgemessene viertelgewendelte Treppe die benötigten Maße.
   Berechnen Sie:
   a) die Steigungshöhe in mm,
   b) die Lauflänge in m,
   c) die Auftrittsbreite in mm,
   d) das Schrittmaß in mm,
   e) die Stufenbreite (*u* = 40 mm) in mm,
   f) die Auftrittsbreiten in mm an der Freiwange, wenn die Stufen 6 mit 12 verzogen werden.
   (siehe Abbildung nächste Seite)

(Abbildung zu Aufgabe 14)

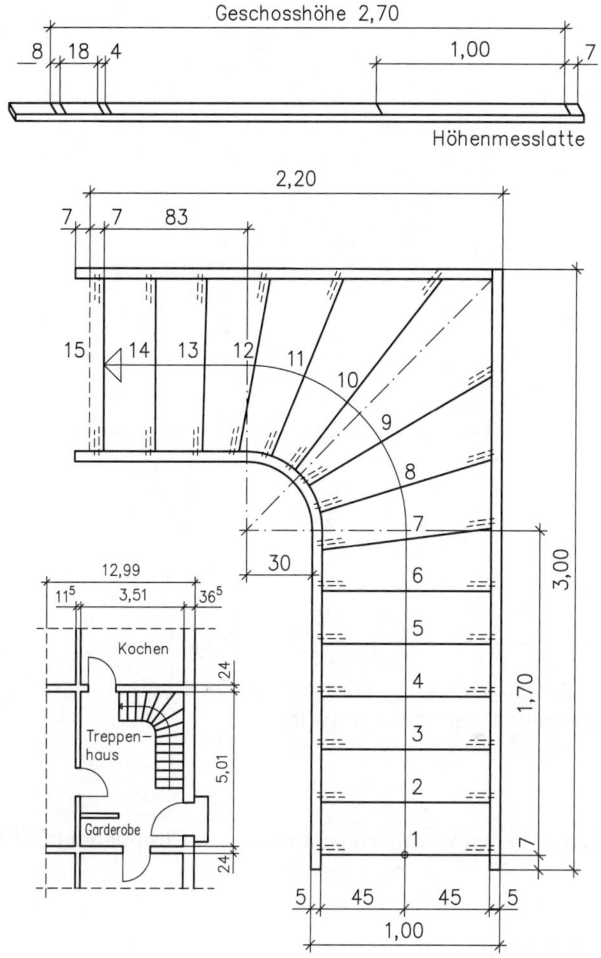

15. Berechnen Sie beispielhaft für die untere Freiwange das Treppengeländer. Es sollen Stäbe mit einem Querschnitt von 3 cm zwischen Antrittspfosten und Krümmling verwendet werden. Berechnen Sie
   a) die Anzahl der Geländerstäbe,
   b) das Achs- bzw. Sprungmaß,
   c) das Sprungmaß auf dem geraden Freiwangenteilstück.

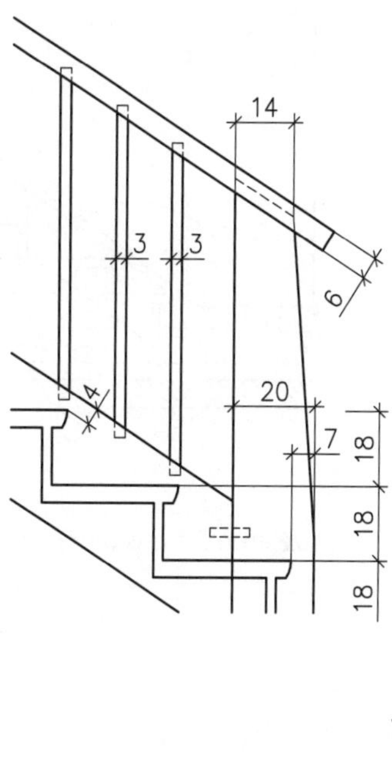

Dachdeckungen und Ausbau

zu 15.

3.2.4 Technische Kommunikation

Ihre Gesprächspartner wünschen von Ihnen konkrete Unterlagen für die Konstruktion der Treppen. Fertigen Sie Pläne, Zeichnungen und Konstruktionsdetails zu den jeweiligen Treppenkonstruktionen.

1. Zeichnen Sie für die gerade Treppe (vgl. 3.2.3 Aufgabe 1) den Wandwangenanschluss am Treppenraumbalken sowie das Wangenauflager am Antritt der Treppe.

   Zeichnen Sie die Detailpunkte für eine vollgestemmte Treppe.
   (Setzstufendicke 2 cm, u = 4 cm, h_W = 30 cm).

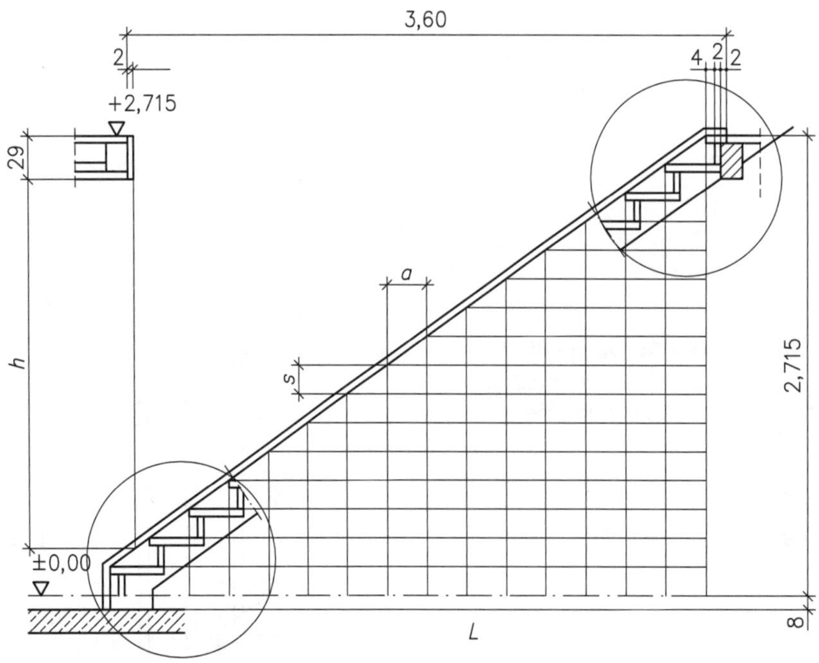

2. Skizzieren Sie das obere Freiwangenauflager. Ein Austrittspfosten ist als Geländerabschluss mit vorzusehen.

3. Zeichnen Sie verschiedene Möglichkeiten der Tritt-/Setzstufenverbindung.
Stellen Sie Ihre Lösung vor und erläutern Sie, wie Sie die Forderung der DIN 18 334, dass ein Knarren der Treppe vermieden werden soll, erfüllen wollen.

4. Beschreiben Sie für Ihre Gesprächspartner die in den Abbildungen dargestellten Grundsätze beim Verziehen einer Treppe.

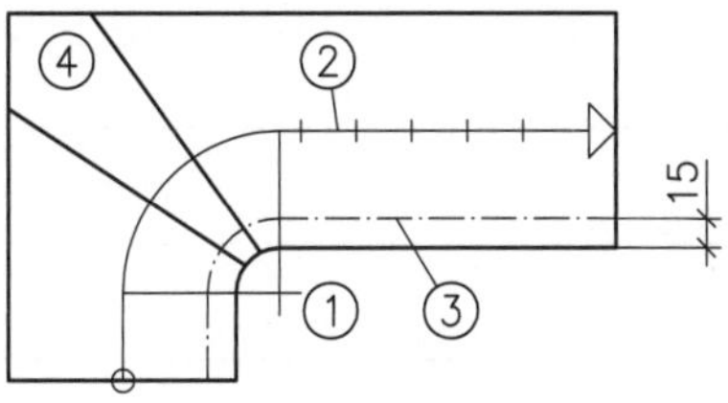

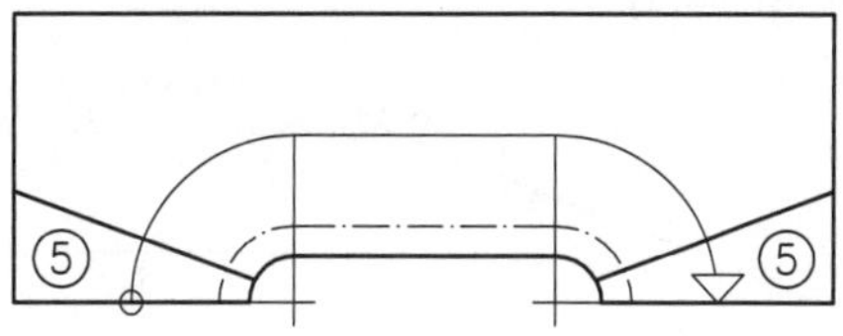

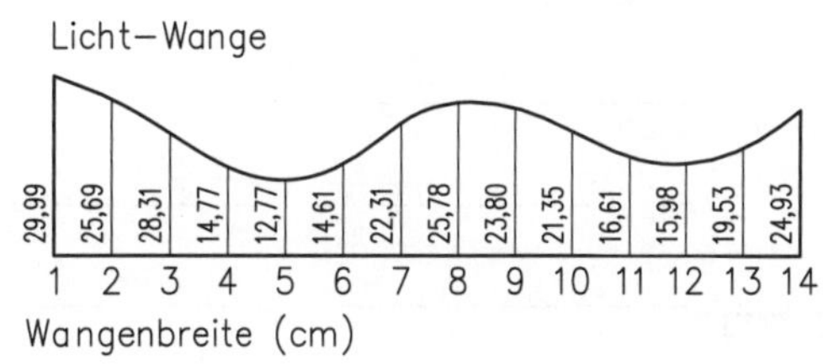

5. Erläutern Sie Ihren Gesprächspartnern die in den Bildern dargestellten grafischen Verziehungsmethoden.

a) Halbkreismethode

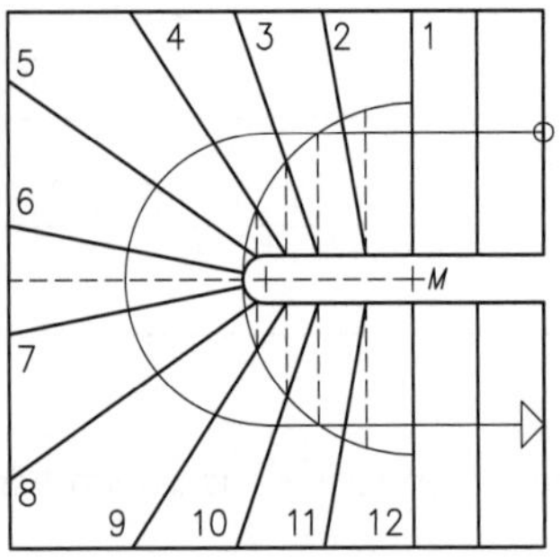

b) Abstandsmethode

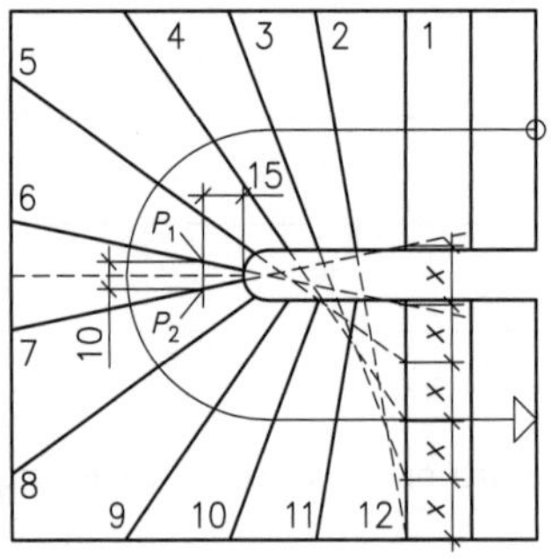

c) Proportionalmethode

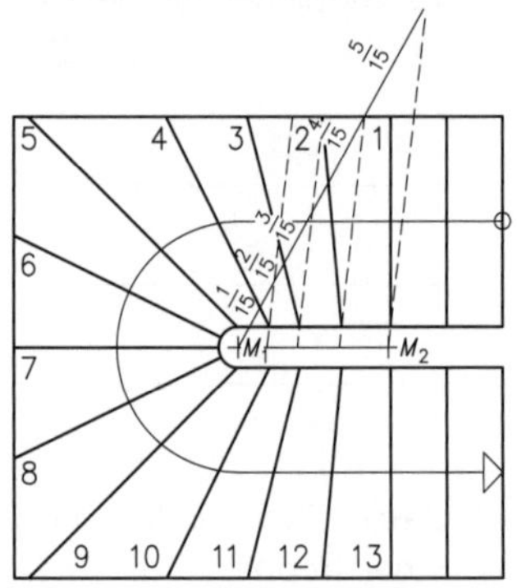

d) Verhältnisteilung

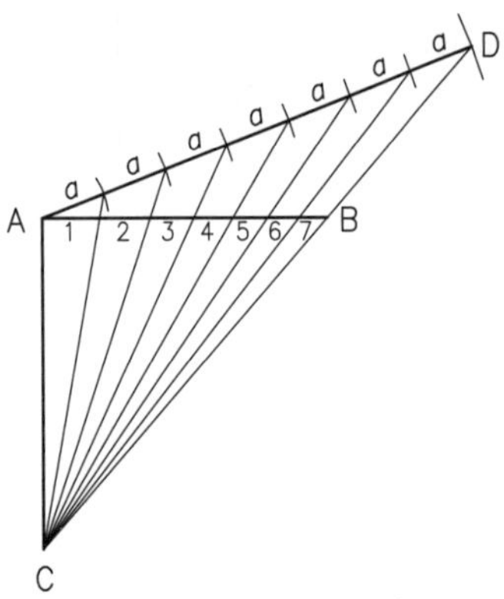

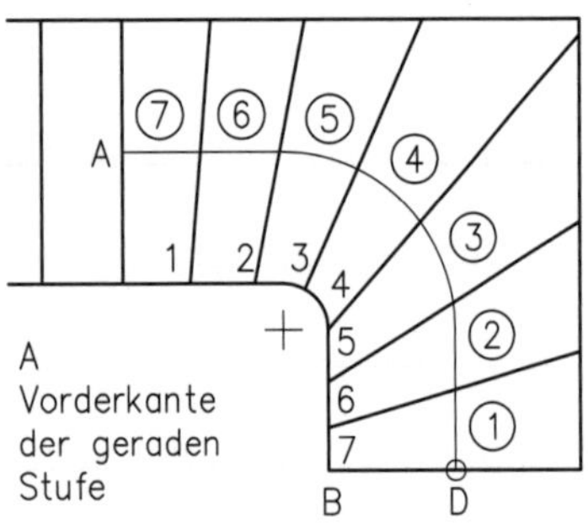

zu 5. ____

____

____

____

____

____

____

____

6. Verziehen Sie die Stufen 1–13 (1–7 bzw. 7–13) nach einer (zwei) vorgestellten oder nach einer selbst gewählten grafischen Verziehungsmethode.

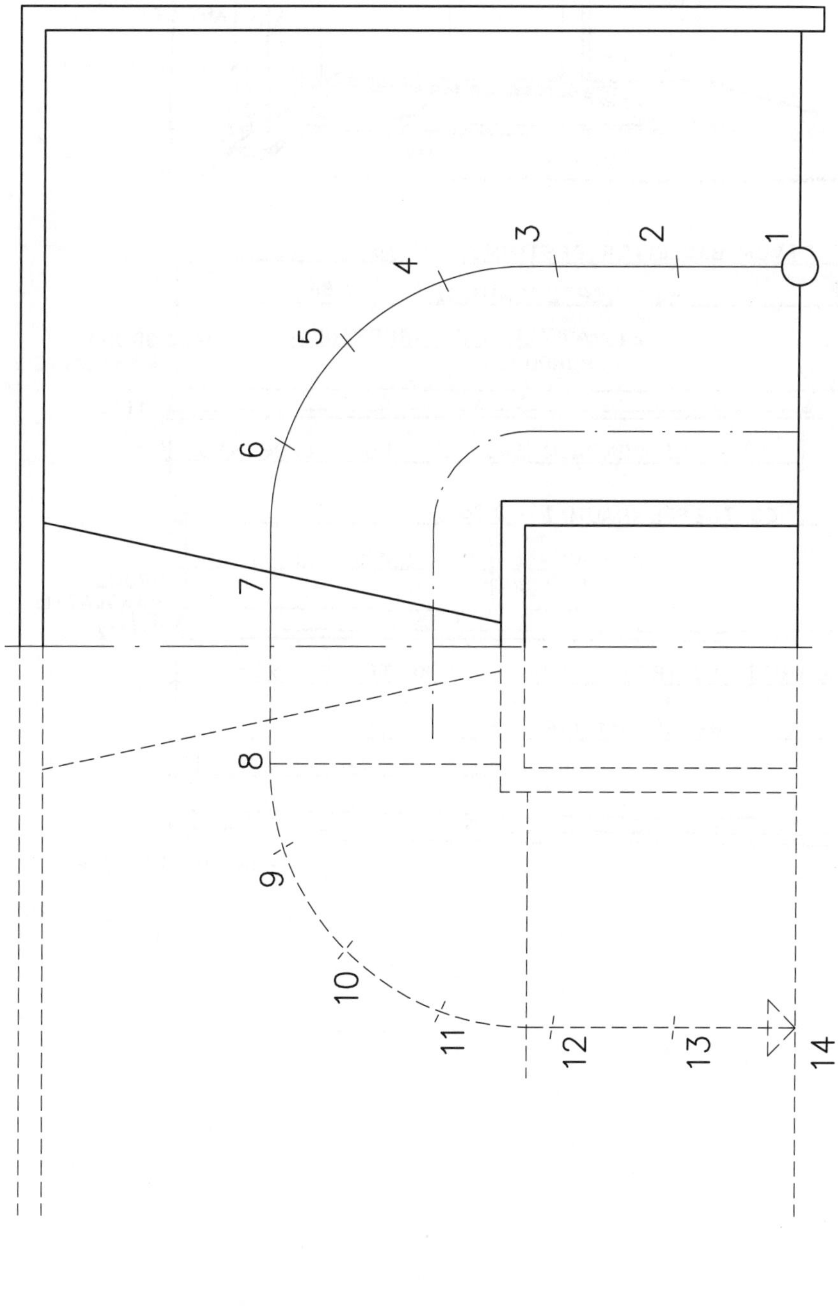

Dachdeckungen und Ausbau

7. Zeichnen Sie die aufgemessene Treppe im Grundriss, verziehen Sie die Stufen nach einer selbst ausgewählten Methode, und konstruieren Sie die Abwicklung der oberen Freiwange.

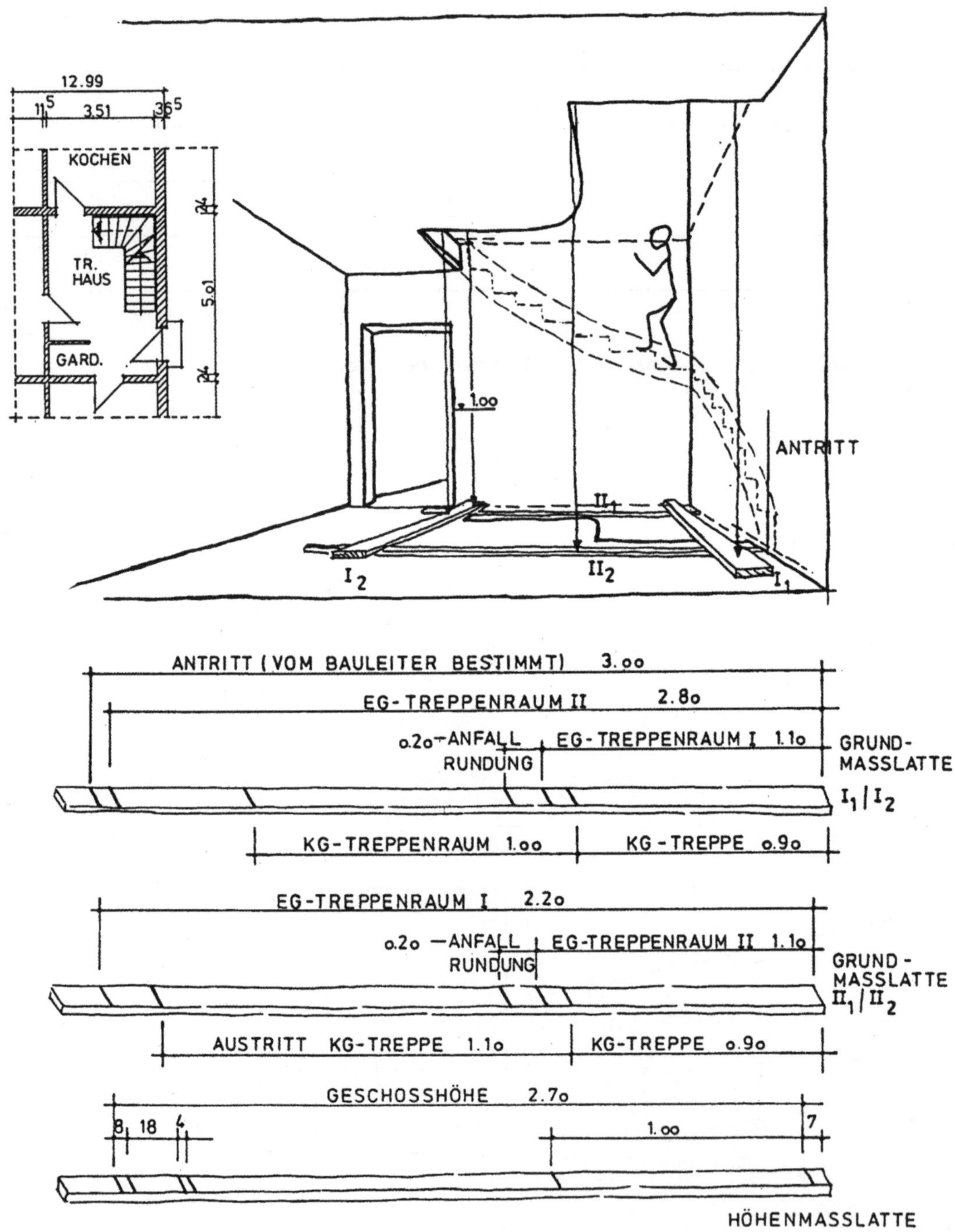

4 Wirtschafts- und Sozialkunde

4.1 Ausbildung und Arbeitswelt

Aufgrund des technischen Fortschritts von der Industrie- zur Informationsgesellschaft befinden sich Ausbildung und Arbeitswelt im Wandel.
Die Anforderungen der Arbeitswelt verlangen eine beständige, lebenslange Lernbereitschaft von der Ausbildung bis zur Rente, dabei kann die Ausbildungszeit nur die Grundlagen des Fachwissens vermitteln.
Besonders wichtig für die neuen Anforderungen während der Ausbildung und der lebenslangen Lernbereitschaft sind die sogenannten Schlüsselqualifikationen. Diese sollen ein lebenslanges Lernen ermöglichen. Mithilfe der Schlüsselqualifikationen erreicht man die Handlungskompetenz. Es kommt nicht auf die Anhäufung von Fachwissen an, sondern auf die situationsgerechte und problemorientierte Anwendung von Fachwissen durch Handeln in der Praxis. Zur Handlungskompetenz gehören neben der Fachkompetenz (Fachkönnen, Fachwissen) die Sozialkompetenz (eigenes Verhalten) und die Methodenkompetenz (Lern- und Arbeitsmethoden).

1. Die Bereitschaft, sich aufgrund eigener Initiative beruflich weiterzubilden, und die Fähigkeit, einen Arbeitsprozess selbstständig zu organisieren und Entscheidungen zu treffen, sind zwei Schlüsselqualifikationen. Nennen Sie drei weitere Schlüsselqualifikationen.

   – ______________________________

   – ______________________________

   – ______________________________

2. Wie kann man den Erwerb von Schlüsselqualifikationen im Betrieb fördern?

   – ______________________________

   – ______________________________

   – ______________________________

   – ______________________________

3. Nennen Sie drei Gründe, die bei Ihrer eigenen Berufswahl zum Zimmerer eine Rolle gespielt haben.

   – ______________________________

   – ______________________________

   – ______________________________

4. Welche Unterlagen sollten einer Bewerbung beigefügt sein?

   – ______________________________

   – ______________________________

   – ______________________________

   – ______________________________

5. Für die Arbeitsplatzwahl ist meist nicht alleine die Lohnhöhe ausschlaggebend. Welche Überlegungen spielen für die Arbeitsplatzannahme außerdem noch eine große Rolle?

____

____

____

____

6. Für die Lohnabrechnung und die Überweisung des Lohnes benötigt der Arbeitgeber vom Arbeitnehmer bei Beginn des Arbeitsverhältnisses bestimmte Unterlagen. Nennen Sie diese Unterlagen und Informationen.

- _______________
- _______________
- _______________

7. Das Jugendarbeitsschutzgesetz schützt die jugendliche Arbeitskraft.
Welche weiteren Gesetze und Verordnungen dienen in der Bundesrepublik Deutschland dem Schutz der menschlichen Arbeitskraft?

- _______________
- _______________
- _______________
- _______________
- _______________

8. Unfallschutz:
Nennen Sie drei Maßnahmen, mit denen die Anzahl der Unfälle in den Betrieben reduziert werden kann. Wer überwacht die Einhaltung dieser Maßnahmen?

Maßnahmen:	Überwachung:
– _______________	– _______________
– _______________	– _______________
– _______________	– _______________

9. Eine Krankheit des Arbeitnehmers ist der häufigste Fall der personenbezogenen Kündigung.
Erläutern Sie die Regelungen, die es hierzu gibt.

Der AG kann kündigen: (AG = Arbeitgeber, AN = Arbeitnehmer)

____

____

____

____

____

10. Welche Aufgabe/Bedeutung hat der Betriebsrat bei der Kündigung?

____

____

____

____

____

____

11. In welchen Fällen ist eine ordentliche Kündigung durch den Arbeitgeber rechtswirksam?

Wenn der Kündigungsgrund ...

____

____

____

____

____

12. Für welche Personengruppen gilt der besondere Kündigungsschutz, da diese Arbeitnehmergruppen besonders schutzbedürftig sind?

– ____________________ – ____________________

– ____________________ – ____________________

– ____________________

13. Nennen Sie die Arbeitspapiere, die dem Arbeitnehmer bei Kündigung auszuhändigen sind.

– ____________________ – ____________________

– ____________________ – ____________________

14. Beschreiben Sie den Unterschied zwischen ordentlicher und außerordentlicher Kündigung.
a) Ordentliche Kündigung:

____

____

____

b) Außerordentliche Kündigung:

____

____

____

15. In der Praxis hat sich bei den Arbeitszeugnissen eine eigene „Zeugnissprache" entwickelt. Negative Beurteilungen werden z. B. durch verschlüsselte Formulierungen in die Zeugnisse eingeschleust.

Bewerten Sie folgende Leistungsbeurteilung mit „durchschnittlich gute" oder „gerade noch ausreichende Arbeitsleistungen". Ordnen Sie richtig zu.

„Er hat die ihm übertragenen Arbeiten stets zu unserer Zufriedenheit erledigt." = ______________________

„Er hat sich bemüht, den an ihn gestellten Arbeitsanforderungen gerecht zu werden." = ______________________

16. Beantworten Sie folgende Fragen zum Arbeitszeugnis.
a) Wer hat Anspruch auf ein Arbeitszeugnis?

____

____

b) Wie muss das Arbeitszeugnis ausgestellt werden?

____

____

c) Wir unterscheiden zwischen einem einfachen und einem qualifizierten Zeugnis. Was versteht man darunter?
Einfaches Zeugnis:

____

____

Qualifiziertes Zeugnis:

____

____

17. Welche Grundsätze sind bei der Erstellung von Arbeitszeugnissen zu beachten?

____

____

____

____

____

18. Worin liegen die Vor- und Nachteile des dualen Systems der Berufsausbildung?
a) Vorteile:

____

____

____

____

____

____

b) Nachteile:

____

____

____

____

____

____

19. Beschreiben Sie die wesentlichen Ursachen und Folgen der Massenarbeitslosigkeit.

____

____

____

____

____

20. Welche sozialen Folgen hat die Arbeitslosigkeit (menschliche Probleme)?

____

____

____

____

____

21. Ordnen Sie die vier Arten von Arbeitslosigkeit richtig zu:
konjunkturelle, strukturelle, friktionelle, saisonale

a) Besonders Personen ohne berufliche Qualifikation (Ungelernte) sind hier betroffen; Rückgang der Wirtschaftstätigkeit bzw. der Aufträge, Rezession ____________________

b) Durch schlechtes Wetter, Winter, z. B. bei den Bauberufen (Zimmerer, Maurer) bzw. im Gastgewerbe (Kellner, Köche) ____________________

c) Stahl- und Textilindustrie, Werften, Bergbau usw. Nur in Teilbereichen wird noch produziert, da z. B. woanders billiger produziert wird. ____________________

d) Betriebliche Umorganisation oder Übergang von einem Arbeitsplatz zum anderen (kurzfristige Arbeitslosigkeit) ____________________

22. Nennen Sie drei mögliche Maßnahmen des Staates zur Bekämpfung der Arbeitslosigkeit.

– ____

– ____

– ____

23. Welche Möglichkeiten gibt es, die eigene Arbeitslosigkeit zu verhindern bzw. zu begrenzen?

24. Wer hat Anspruch auf Arbeitslosengeld?

25. Welche Bedeutung/welchenZweck hat die ABM-Förderung?
(ABM = Arbeitsbeschaffungs-Maßnahme)

26. Nennen Sie drei Leistungen der Bundesagentur für Arbeit nach dem Arbeitsförderungsgesetz, die der Arbeitnehmer erhält.

27. Die Sozialpartnerschaft: Arbeitgeber- und Arbeitnehmerverbände
Ordnen Sie folgende Begriffe richtig zu:

Tarifautonomie, Flächentarifvertrag, Allgemeinverbindlichkeit

a) Die Sozialpartner (Arbeitgeberverbände und Einzelgewerkschaften) handeln ohne Einmischung des Staates die Lohnhöhe und Arbeitsbedingungen aus.

b) Er wird zunehmend infrage gestellt und dabei einheitlich für ganze Branchen und Regionen ausgearbeitet. Er berücksichtigt die unterschiedliche wirtschaftliche Lage kleiner, mittlerer und großer Unternehmen zu wenig.

c) Die ausgehandelten Vereinbarungen (Löhne, Gehälter, Arbeitsbedingungen usw.) gelten für alle in der Branche Tätigen, auch für Nicht-Gewerkschaftler.

4.2 Soziale Sicherheit und private Vorsorge

Auszug aus einer Tageszeitung:
„Die Deutschen haben nicht genug Kinder. Immer weniger Berufstätige müssen immer mehr Rentner finanzieren. Seit 1977 haben die Sozialminister mehr als zwanzig Mal am Rentensystem geschraubt. Sie haben die Beiträge erhöht, gesenkt, erhöht, Berechnungsmethoden verändert und die Bürger zur privaten Zusatzversicherung aufgefordert."

1. Erläutern Sie den Begriff „Generationenvertrag" in der gesetzlichen Rentenversicherung.

____

____

____

2. Beantworten Sie die nachfolgenden Fragen zur gesetzlichen Sozialversicherung.
   a) Wer zahlt mit welchen Anteilen die Beiträge für die gesetzliche Sozialversicherung?

	AN	AG
Krankenversicherung	____________	____________
Unfallversicherung	____________	____________
Rentenversicherung	____________	____________
Arbeitslosenversicherung	____________	____________
Pflegeversicherung	____________	____________

   b) Wie hoch sind prozentual die Beiträge im Verhältnis zum Bruttolohn (Stand: Februar 2011)?

	AN	AG
Krankenversicherung	____________	____________
Unfallversicherung	____________	____________
Rentenversicherung	____________	____________
Arbeitslosenversicherung	____________	____________
Pflegeversicherung	____________	____________

   c) Die Finanzierung der Rentenversicherung ist langfristig nach dem bestehenden Modell nicht gewährleistet. Woran liegt dies, und welche Möglichkeiten der Finanzierung bieten sich an?

____

____

____

____

____

____

3. Stellen Sie Vor- und Nachteile der dargestellten Finanzierungsmöglichkeiten zur Sicherung der Rente dar.

	Vorteile	Nachteile
– Erhöhung monatlicher Rentenauszahlungen	z. B. Rentner besitzen gute Kaufkraft. Sie fühlen sich wohl und sind zufrieden.	z. B. Lohnnebenkosten steigen noch mehr.
– Verlängerung der Lebensarbeitszeit		
– Senkung monatlicher Rentenauszahlungen		
– Einführung einer Grundrente (die gesetzliche Pflicht reduziert sich auf eine Grundrente)		

4. Unterscheiden Sie durch Ankreuzen, ob es sich jeweils um eine freiwillige Versicherung oder um eine Pflichtversicherung handelt.

Versicherungsart	freiwillig	Pflicht
Pflegeversicherung	☐	☐
Rechtschutzversicherung	☐	☐
Pkw-Haftpflichtversicherung	☐	☐
Rentenversicherung	☐	☐
Krankenzusatzversicherung	☐	☐

5. Warum ist eine Kfz-Haftpflichtversicherung gesetzlich vorgeschrieben?

4.3 Parteien, Bürgerinitiativen, Interessenverbände

Politik wird von Menschen gemacht! Parteien, Bürgerinitiativen und Interessenverbände bieten die Möglichkeit, sich an Entscheidungsprozessen zu beteiligen. Übernehmen Sie Verantwortung. Versuchen Sie, Ihre Vorstellungen, Ziele und Ideale für eine bessere Zukunft umzusetzen, indem Sie Mitglied einer solchen Organisation werden.

1. Was steht im Grundgesetz (GG) Art. 21 Abs. 1 und 2 über die Parteien?

____

____

____

2. Ordnen Sie folgende Parteien CDU/CSU, Die Linke, Bündnis 90/Die Grünen, SPD, FDP, AfD der folgenden politischen Zielsetzung zu.

Politische Zielsetzung:	Partei:
Linke Partei, deren Politik sozialistisch ist. Sie tritt bundesweit auf, findet jedoch überwiegend in den neuen Bundesländern Zuspruch.	______________
Konservativ ausgerichtete Volkspartei deren Politik sozial, liberal und vor allem christlich motiviert ist.	______________
Mitte-Links ausgerichtete Volkspartei, deren Politik sozial gerecht und liberal motiviert ist. Sie ist auf umweltverträgliche Energienutzung und gesellschaftliche Gleichberechtigung ausgerichtet.	______________
Liberale Partei, deren Politik auf ein freies Wirtschaftswachstum mit sozialen Elementen und Stärkung der Privatinitiative ausgerichtet ist.	______________
Ökologische Partei, deren Politik besonders umweltpolitisch motiviert ist.	______________
Rechtsgerichtete Partei, die sich besonders mit EU-Themen kritisch auseinandersetzt.	______________

3. Was sagt Art. 21 GG über die Finanzierung von Parteien aus?
(Die richtige Lösung ist anzukreuzen.)
☐ Die Parteien müssen über die Herkunft ihrer Gelder öffentlich Rechenschaft ablegen.
☐ Die Parteien dürfen keine Spenden annehmen.
☐ Die Parteien dürfen nur von Mitgliederbeiträgen finanziert werden.
☐ Die Parteien werden nur von Steuergeldern finanziert.

4. Erklären Sie den Unterschied zwischen Parteien, Bürgerinitiativen und Verbänden.
a) Die Merkmale einer Partei sind:

____

____

b) Die Merkmale von Bürgerinitiativen sind:

____

____

c) Die Merkmale von Verbänden sind:

____

____

5. Wer entscheidet über das Verbot einer politischen Partei?

____

6. Ein großer Teil der Bevölkerung ist in Interessenorganisationen wie Verbänden, Vereinen, Gesellschaften, Gewerkschaften oder sonstigen Vereinigungen organisiert.
Nennen Sie je ein Beispiel für organisierte Interessenvertretungen aus den angegebenen Bereichen.

a) Aus dem Wirtschafts- und Arbeitsleben:

____

____

b) Aus dem sozialen Bereich:

____

____

c) Aus dem Freizeitbereich:

____

____

d) Aus Religion, Kultur, Wissenschaft:

____

____

4.4 Das Rechtssystem der Bundesrepublik Deutschland

Überall, wo Menschen zusammenleben, sind Regeln – auch soziale Normen genannt – notwendig. Neben Sitten, Gebräuchen oder herrschenden Moralvorstellungen nimmt das schriftlich dargelegte Recht eine Sonderstellung unter den sozialen Normen ein. Es ist für alle verbindlich. Das Recht beschränkt zwar den Einzelnen in seinem Tun, es schafft damit aber gleichzeitig für die Gemeinschaft der Menschen Sicherheit und Ordnung und ermöglicht so ein friedliches Zusammenleben.

1. Aus welchem Grund sind im Rechtssystem Strafen vorgesehen?

____

____

____

____

2. Wenn Sie heiraten, kann das eheliche Güterrecht nach drei unterschiedlichen Regelungen festgelegt werden.

a) Nennen Sie diese drei Regelungen:

– ____

– ____

– ____

b) Welche von diesen Regelungen tritt nach der Eheschließung automatisch in Kraft?

____

3. Wer entscheidet bei den verschiedenen Prozessen, ob ein gerichtliches Verfahren eingeleitet wird?

– beim Zivilprozess: ______________________

– beim Strafprozess: ______________________

4. Wir haben neben den ordentlichen Gerichten wie Amtsgericht, Landgericht usw. vier Gerichte, die zu der „Besonderen Gerichtsbarkeit" gehören: Verwaltungs-, Sozial-, Finanz- und Arbeitsgericht. Ordnen Sie das jeweils zuständige Gericht (der Besonderen Gerichtsbarkeit) entsprechend dem Text zu.

a) Zuständig für Streitigkeiten zwischen Arbeitgebern und Arbeitnehmern: ______________________

b) Zuständig für alle öffentlich-rechtlichen Streitigkeiten, soweit sie nicht Verfassungsangelegenheiten sind: ______________________

c) Zuständig für Streitigkeiten aus dem Gebiet der Sozialversicherungen: ______________________

d) Zuständig für Streitigkeiten zwischen Steuerzahlern und Finanzämtern: ______________________

5. Ordnen Sie das Lebensalter den Rechten und Pflichten des Bürgers richtig zu:

Rechtsstellung	**Lebensalter**
Rechtsfähigkeit	____________
Schulpflicht	____________
beschränkte Geschäftsfähigkeit	____________
Religionsmündigkeit	____________
Besuch von Gaststätten	____________
Volljährigkeit	____________
Lastkraftwagenführerschein	____________

Wirtschafts- und Sozialkunde

6. Nennen Sie drei wesentliche Aufgaben des Internationalen Strafgerichtshofs in Den Haag (Niederlande).

– ____

– ____

– ____

7. Welche Ursachen können zur Jugendkriminalität führen?

____

____

____

____

____

____

4.5 Staatliche Ordnung und politische Institutionen

Im Nebeneinander und Gegeneinander der Interessen versucht sich jede Gruppe auf Kosten der Allgemeinheit durchzusetzen. Um dies zu vermeiden, ist der Staat als übergeordnete Macht hier notwendig. Er sorgt für innere und äußere Sicherheit aller Bürger.

1. Grundgesetz Art. 20, Abs. 1 lautet: „Die Bundesrepublik ist ein demokratischer und sozialer Bundesstaat." Nennen Sie jeweils zwei Kennzeichen

   – eines demokratischen Staates:

   ____

   ____

   – eines sozialen Staates:

   ____

   ____

   – des bundesstaatlichen Aufbaus:

   ____

   ____

2. Wo ist folgender Satz zu finden: „Die Würde des Menschen ist unantastbar. Sie zu achten und zu schützen ist Verpflichtung aller staatlichen Gewalt."?

   ☐ In der Europäischen Konvention der Menschenrechte
   ☐ In der Erklärung der Menschenrechte durch die Vereinten Nationen
   ☐ Im Grundgesetz der Bundesrepublik Deutschland
   ☐ In der Verfassung der Weimarer Republik

3. Die Integration fremder Menschen (z. B. Aussiedler, Asylanten, Green-Card-Inhaber) kann mit Problemen verbunden sein.

   Ordnen Sie die folgenden Stichworte der Problembereiche den einzelnen Beispielen zu: Ausländerfeindlichkeit, Frage der Eingliederung, Leben zwischen zwei Kulturen, Solidarität.

   – Rechtsgerichtete Jugendliche verüben Brand- und Mordanschläge gegen Ausländer. ______________

   – die Moralvorstellungen von Menschen verschiedener Kulturkreise können sehr unterschiedlich sein. ______________

   – Für viele ein Problem: Soll man die Tradition der Eltern in der „Fremde" weiterhin pflegen? ______________

   – Mit Lichterketten zeigen Millionen von Menschen ihre Verbundenheit mit den ausländischen Mitbürgerinnen und Mitbürgern. ______________

4. Was sagt das Grundgesetz über Ehe und Familie (GG Art. 6)?

   ____

   ____

   ____

5. Nennen Sie drei wichtige Aufgaben des Bundestags.

– ______________________________

– ______________________________

– ______________________________

6. Viele Gesetzentwürfe sind heute so spezialisiert, dass nur Fachleute darüber beraten können. Deshalb fallen die eigentlichen Sachentscheidungen in den Ausschüssen. Nennen Sie drei Bundestagsausschüsse.

– ______________________________

– ______________________________

– ______________________________

7. Suchen Sie zu folgenden Fragen im GG den entsprechenden Artikel heraus.

a) Wer bildet die Bundesregierung?

____

b) Wie wird der Bundeskanzler gewählt?

____

c) Wer bestimmt die Bundesminister?

____

8. In welcher Weise regelt Art. 38 GG die Verantwortung der Abgeordneten?

☐ Der Abgeordnete ist dem Volk verantwortlich.
☐ Der Abgeordnete ist der Partei verantwortlich.
☐ Der Abgeordnete ist seinem Gewissen verantwortlich.
☐ Der Abgeordnete ist dem Bundespräsidenten verantwortlich.

9. Welche Merkmale kennzeichnen eine demokratische Grundordnung?

– ______________________________

– ______________________________

– ______________________________

– ______________________________

– ______________________________

10. In der täglichen Auseinandersetzung mit dem politischen Gegner muss eine Fraktion (Zusammenschluss der Abgeordneten einer Partei) geschlossen auftreten, da sonst die politischen Ziele der Fraktion überhaupt nicht zu verwirklichen wären. Das geschlossene Abstimmen nennt man Fraktionsdisziplin.
Zwischen der freien Entscheidung des Abgeordneten nach Art. 38 GG und der geforderten Fraktionsdisziplin sowie seiner Abhängigkeit von der Partei bei der Kandidatenaufstellung besteht ein Spannungsverhältnis.
Erläutern Sie an einem Beispiel die Konfliktsituation, wenn sich die Auffassung der Abgeordneten nicht mit der Meinung der Fraktionsmehrheit in Übereinstimmung bringen lässt.

____

____

____

11. Erläutern Sie die Begriffe „Fraktion", „Koalition" und „Opposition", bezogen auf den Bundestag.

Fraktion: ______________________________

Koalition: ______________________________

Opposition: ______________________________

12. Wie kann eine Opposition trotz ihrer Minderheitenposition im Bundestag ihre wesentliche Aufgabe, die Regierungskontrolle, wahrnehmen?

Kontrollmöglichkeiten sind:

____

____

____

13. Wer ist berechtigt, Gesetzesinitiativen (Vorschläge) in den Bundestag einzubringen? Kreuzen Sie die richtigen Lösungen an.

- ☐ Bundesregierung
- ☐ Bundespräsident
- ☐ Bundesrat
- ☐ Bundestag
- ☐ Bundesverfassungsgericht

14. Wie ist der Bundesrat zusammengesetzt, und welche Bedeutung hat er?

____

____

____

____

15. Ordnen Sie folgende Gebiete der jeweiligen Gesetzgebung zu:
Verteidigung, Wirtschafts-, Sozial-, Verkehrs- und Wohnungspolitik, Hochschulwesen, Währungs- und Geldwesen, Zoll, Gemeinde- und Polizeirecht, Schulwesen, Außenhandel

	Gebiet	**Zuständigkeit Bund und/oder Land**
ausschließliche Gesetzgebung	z. B. Außenhandel, Verteidigung	z. B. nur der Bund
	______________	______________
	______________	______________
konkurrierende Gesetzgebung	______________	______________
	______________	______________
	______________	______________
Gesetzgebungskompetenz der Länder	______________	______________
	______________	______________
	______________	______________

16. Die Bundesrepublik Deutschland ist ein Verfassungsstaat mit Gewaltenteilung.
a) Erläutern Sie, welche Bedeutung die Gewaltenteilung für ein Staatswesen hat.

b) Nennen Sie die drei Gewalten, und ordnen Sie jeweils ein Staatsorgan zu.

–

–

–

17. Stationen deutscher Geschichte
Welche Zuordnung ist falsch?

- ☐ 23. Mai 1949: Gründung der Bundesrepublik
- ☐ 9. November 1989: Öffnung der Mauer in Berlin
- ☐ 13. August 1963: Bau der Mauer in Berlin
- ☐ 3. Oktober 1990: DDR tritt der Bundesrepublik bei

18. Welcher Vertrag beendete offiziell den Ersten Weltkrieg?

- ☐ Friede von Paris
- ☐ Westfälischer Friede
- ☐ Wiener Kongress
- ☐ Vertrag von Versailles

19. Das Staatsoberhaupt: Unser Bundespräsident
a) Wer wählt den Bundespräsidenten?

b) Wie lange dauert eine Amtszeit?

c) Nennen Sie 3 Aufgaben des Bundespräsidenten.

d) Auf welche Weise kann der Bundespräsident auf gesellschaftliche und politische Fragestellungen Einfluss nehmen?

20. 9. November – Deutscher Schicksalstag

Der 9. November wird oft als deutscher Schicksalstag bezeichnet, da dieser Tag mehrmals im vorigen Jahrhundert Ausgangspunkt tiefgreifender Umwälzungen oder zentraler Ereignisse war.

Verbinden Sie die verschiedenen Jahreszahlen mit den zugehörigen Ereignissen (① – ⑤).

In der Nacht auf den 9. November entgeht Adolf Hitler in München nur knapp dem Attentatsversuch eines Einzeltäters. Die Nationalsozialisten zelebrierten jedes Jahr in München eine theatralische Gedenkfeier anlässlich des gescheiterten Hitler-Putsches.	①	1918
Die Ermordung des deutschen Diplomaten Ernst Eduard von Rath war Anlass für eine zentral gesteuerte Aktion gegen Juden. Reichsweit werden jüdische Geschäfte, Wohnungen und Synagogen zerstört; Hunderte Todesopfer sind zu beklagen. (Reichspogromnacht)	②	1923
Kaiser Wilhelm II. tritt zurück. Die Regierungsverantwortung wird Friedrich Ebert übertragen. Philipp Scheidemann ruft die Parlamentarische Demokratie aus, Karl Liebknecht die Sozialistische Republik nach russischem Vorbild. In Deutschland herrschen weiterhin revolutionäre Zustände.	③	1938
Der erst drei Wochen amtierende neue Generalsekretär der DDR, Egon Krenz, übergibt ZK-Sekretär Günter Schabowski eine Vorlage des geplanten Reisegesetzes. In einer Pressekonferenz verkündet Schabowski eine sofortige Öffnung der Grenze.	④	1939
Angesichts der innen- und außenpolitischen Krise wagt Adolf Hitler in München einen Putschversuch. Der Aufstand wird von der Polizei niedergeschlagen. Hitler wird zu lediglich fünf Jahren Festungshaft verurteilt.	⑤	1989

21. Ordnen Sie die nachstehend aufgeführten Persönlichkeiten den Ämtern zu, die sie im Nachkriegsdeutschland bekleidet haben.

Konrad Adenauer, Willy Brandt, Roman Herzog, Theodor Heuss, Angela Merkel, Helmut Kohl, Edmund Stoiber, Gerhard Schröder, Helmut Schmidt, Johannes Rau, Ludwig Erhard, Horst Seehofer, Christian Wulff, Joachim Gauck, Franz-Josef-Strauß (Stand: 01.04.2016)

politisches Amt	**derzeitiger Amtsinhaber**	**frühere Amtsinhaber**
Bundespräsident	____________	____________
		____________
		____________
		____________
Bundeskanzler	____________	____________
		____________
		____________
		____________
		____________
		____________
Bayerischer Ministerpräsident	____________	____________
		____________
		____________
		____________

4.6 Politische Machtkontrolle, Wahlen

Wahlen sind die wichtigste Form politischer Beteiligung in der Demokratie. Die Bürger sollten zur Wahl gehen, um über politische Personen und Inhalte mitzuentscheiden.

1. Nennen Sie vier Möglichkeiten der politischen Machtkontrolle in einem demokratischen Staat.

   – ______________________________

   – ______________________________

   – ______________________________

   – ______________________________

2. Vervollständigen Sie die folgende Übersicht zur vertikalen Gewaltenteilung in unserem Staat.

Politische Ebene	**Ort/Sitz der zuständigen Institution**	**Name der Institution**
Bund	____________	Bundestag
Land: Bayern	München	____________
Bezirk	Oberbayern	____________
Gemeinde/Stadt	Rosenheim oder Siegsdorf	____________

3. Ordnen Sie die fünf Wahlgrundsätze nach Art. 38 GG jeweils der richtigen Erläuterung (durch Strichverbindung) zu.

allgemein	alle Staatsbürger dürfen wählen, unabhängig von Geschlecht und Beruf
frei	jede Stimme hat gleiches Gewicht
gleich	kein Zwang auf Wähler und Gewählte
geheim	keine Wahlmänner
unmittelbar	Wahlentscheidung nicht nachprüfbar

4. Unterscheiden Sie aktives und passives Wahlrecht.

   ____

   ____

5. Worin liegen die Vor- und Nachteile der Verhältniswahl?

   a) Vorteile: ______________________________

   ____

   b) Nachteile: ______________________________

   ____

Wirtschafts- und Sozialkunde

6. Welche wahlberechtigten Personen bezeichnet man als Wechselwähler, und worauf lässt sich das Wechselwählerverhalten zurückführen?

____

____

____

____

____

____

7. Sehr viele junge Menschen sind politikverdrossen.
Nennen Sie drei mögliche Gründe für diese Einstellung.

– ____

– ____

– ____

4.7 Die Bedeutung der Medien

Untersuchungen zeigen, dass die Mediennutzung (Fernsehen, Hörfunk, Internet ...) den wichtigsten Platz in der Freizeit heutiger Jugendlicher einnimmt. Da die Medieninhalte zugleich auch ganz bestimmte Bilder, Sichtweisen und Meinungen von Wirklichkeit verbreiten, prägen die Medien ziemlich stark unser Bewusstsein, unser Denken, Fühlen und Handeln. Sind diese Weltbilder die Wirklichkeit? Welche Aufgaben haben eigentlich Massenmedien wie Fernsehen, Presse oder Rundfunk in der Demokratie?

1. Welche Verantwortung tragen Journalisten im Zusammenhang mit der Meinungsbildung?

2. Was sagt das Grundgesetz zur Presse-, Meinungs- und Informationsfreiheit in Art. 5?

3. Versuchen Sie, mit den folgenden Begriffen einen Zusammenhang herzustellen:
   Privates Fernsehen – Unternehmensziel – Werbung – Einschaltquoten – Gewalt

4. Nennen Sie drei Möglichkeiten, wie sich Politikerinnen und Politiker über die Meinung von Bürgern informieren können.

   –
   –
   –

Wirtschafts- und Sozialkunde

4.8 Bundesstaatlicher Aufbau, Föderalismus

Die Bürger der Bundesrepublik Deutschland sind beispielsweise Sachsen, Hessen oder Bayern und zugleich Deutsche. Politische Probleme sind im Bayerischen Wald vor einem anderen Hintergrund als in Ostfriesland zu lösen. In München und in Hannover kann man in der Sache vor Ort schneller und richtiger reagieren. Deshalb haben wir einen bundesstaatlichen Aufbau, auch Föderalismus genannt.

1. Föderalismus ist ...

   ☐ die zentrale Regierungsgewalt in einem Einheitsstaat.
   ☐ der Zusammenschluss von Gliedstaaten zu einem Bundesstaat.
   ☐ ein nationales Einigungsbestreben.
   ☐ eine mittelalterliche Ständeordnung.

2. Was ist der Bundesrat, und welche Aufgaben hat er?

3. Nennen Sie alle Bundesländer und ihre Hauptstädte.

4.9 Europa

Deutschlands Einbindung in die EU (Europäische Union) bestimmt zunehmend unseren Alltag.

1. Nennen Sie die wesentlichen Aufgaben der wichtigsten politischen Organe der EU.

   a) Europäischer Rat:

   ____

   b) Rat der Europäischen Union (Ministerrat):

   ____

   c) Europäische Kommission:

   ____

   d) Europäisches Parlament:

   ____

2. Die folgenden Begriffe beziehen sich auf ein europäisches Land.
   Welche Zuordnung ist richtig?

   ☐ Lego-Wikinger-Zugspitze-Hans-Christian-Andersen-Kopenhagen
   ☐ Goethe-Wiedervereinigung-Föderalismus-Pflegeversicherung-VW
   ☐ Seine-Bordeaux-Sizilien-Korsika-Eiffelturm
   ☐ Mozart-Skifahren-Großglockner-Jütland-Nationalrat

3. Der europäische Binnenmarkt ist gekennzeichnet durch die vier Freiheiten:
   Freier Warenverkehr, freier Dienstleistungsverkehr, freier Kapitalverkehr, freier Personenverkehr.

   Ordnen Sie diese Begriffe entsprechend zu.

   a) ______________________________

   - Wegfall von Grenzkontrollen
   - Niederlassungs- und Beschäftigungsfreiheit für EU-Bürger
   - Angleichung der Einreise-, Asyl-, Waffen- und Drogengesetze

   b) ______________________________

   - Wegfall von Grenzkontrollen
   - Steuerangleichung
   - Angleichung oder gegenseitige Anerkennung von Normen und Vorschriften

   c) ______________________________

   - Öffnung der Transport- und Telekommunikationsmärkte
   - Angleichung der Banken- und Versicherungsaufsicht
   - Liberalisierung der Finanzdienste

   d) ______________________________

   - Größere Freizügigkeit für Geld- und Kapitalbewegungen
   - Schritte zu einem gemeinsamen Markt für Finanzleistungen
   - Liberalisierung des Wertpapierverkehrs

4. Die Erweiterung der EU

Der Europäische Rat legte 1993 die Kriterien für eine Aufnahme von Staaten in die EU fest. Danach wurden 1995 Schweden, Finnland sowie Österreich und 2004 weitere zehn Staaten aufgenommen. 2007 folgten Bulgarien und Rumänien.

a) Nennen Sie vier Bedingungen (politische und wirtschaftliche Merkmale), die ein Beitrittsland erfüllen muss, um aufgenommen zu werden.

- ___
- ___
- ___
- ___

b) Warum beabsichtigt die EU, weitere europäische Länder des Ostens und Südostens aufzunehmen, z. B. Kroatien, Serbien, Türkei u. a.?

- ___
- ___
- ___
- ___

c) Nennen Sie fünf der am 1. Mai 2004 beigetretenen Länder und ihre jeweilige Hauptstadt.

- ___
- ___
- ___
- ___
- ___

d) Welches neue Beitrittsland (aus dem Jahr 2004) ist flächenmäßig das größte Land mit wie vielen Einwohnern im Vergleich zur Bundesrepublik Deutschland?

(Lösen Sie diese Aufgabe mithilfe des Internets.)

___

- Fläche: ___ – Einwohnerzahl: ___

Bundesrepublik Deutschland:

- Fläche: ___ – Einwohnerzahl: ___

5. Welche Aussage zum Subsidiaritätsprinzip in der EU ist **nicht** richtig?

☐ Das Subsidiaritätsprinzip besagt, dass die Entscheidungen in einem politischen System so weit „unten" wie nur möglich getroffen werden sollen.

☐ Durch die Aufnahme im europäischen Vertragswerk soll ein übertriebener Zentralismus verhindert und Bürgernähe erzeugt werden.

☐ Die Anwendung des Subsidiaritätsprinzips verlangt, dass die EU auf übermäßig detaillierte Rechtsvorschriften verzichtet und stattdessen mehr mit Rahmengesetzen, Mindestvorschriften und Regeln zur gegenseitigen Anerkennung nationaler Bestimmungen arbeitet.

☐ Die Maßnahmen der Gemeinschaft dürfen über die Erfüllung der vertraglichen Ziele hinausgehen.

6. Der Zusammenschluss zur Europäische Union bringt nicht nur Vorteile, sondern auch Probleme mit sich. Nennen Sie drei Problembereiche der bisherigen Mitgliedsländer bzw. grundsätzliche Probleme in der EU.

– ______________________________

– ______________________________

– ______________________________

7. Die EU bringt den Bürgern der Mitgliedsstaaten durchaus Vorteile. Nennen Sie drei Beispiele.

– ______________________________

– ______________________________

– ______________________________

8. Um die Stabilität des Euro zu gewährleisten, gibt es seit 1997 einen Stabilitäts- und Wachstumspakt. Nennen Sie zwei festgelegte Konvergenzkriterien, um in die Europäische Währungsunion aufgenommen zu werden (Stand im Januar 2011: 17 Mitglieder).

– ______________________________

– ______________________________

4.10 Markt und Wirtschaft

In der sozialen Marktwirtschaft ergänzen sich Markt und Staat. Sozial unerwünschte Auswirkungen des freien Wettbewerbs sollen durch die Sozialpolitik des Staates korrigiert bzw. ausgeglichen werden.

1. Der Wettbewerb zwischen Unternehmen ist gewollt. Nennen Sie drei Vorteile, wenn Unternehmen miteinander konkurrieren müssen.

– ______________________________

– ______________________________

– ______________________________

2. Die im Stabilitätsgesetz festgelegten wirtschaftspolitischen Ziele – Preisstabilität, Vollbeschäftigung, außenwirtschaftliches Gleichgewicht und stetiges angemessenes Wachstum – bezeichnet die Volkswirtschaftslehre als das Magische Viereck: magisch deshalb, weil die Ziele nicht unbedingt miteinander vereinbar, also sozusagen nur durch ein Wunder gleichzeitig zu erreichen sind.

a) Das Magische Viereck lässt sich auf sechs Ziele erweitern. Nennen zwei weitere Ziele.

– ______________________________

– ______________________________

b) Welche Ziele sind besonders schwer zu vereinbaren? Erläutern Sie dies an Beispielen.

____

____

3. Was bedeutet der Begriff „Bruttoinlandsprodukt"?

☐ Die Summe aller Sozialleistungen
☐ Der Wert aller erzeugten Güter und Dienstleistungen eines Volkes in einem Jahr, die in einem Land (Inland) erbracht werden.
☐ Die Ergebnisse der Wirtschaftspolitik
☐ Die Sparguthaben als private Vorsorge

4. Nach der Zahl der Anbieter unterscheiden wir drei Marktformen: Polypol, Oligopol und Monopol. Ordnen Sie die Begriffe den Erläuterungen zu.

a) Für die Versorgung mit elektrischem Strom ist in einem bestimmten Gebiet nur ein Energieversorgungsunternehmen zugelassen. ______________________

b) Auf einem Flohmarkt bieten ca. 50 Personen gebrauchte Gegenstände an. ______________________

c) Zehn Unternehmen hatten im Jahr 1999 über 70 % Anteil am gesamten Lebensmittelumsatz in Deutschland. ______________________

5. Kreuzen Sie alle Vorgänge an, die das Bruttoinlandsprodukt erhöhen.

☐ Die Familie isst zu Mittag im Wirtshaus.
☐ Die Familie isst zu Hause Produkte aus dem eigenen Garten.
☐ Die Auszubildende Anna geht zu Fuß in die Berufsschule.
☐ Nach einem schweren Verkehrsunfall behandeln Ärzte die Verletzten.
☐ Die Mutter pflegt den kranken Großvater zu Hause.
☐ Die Großmutter wird im Altersheim untergebracht.
☐ Die vom sauren Regen zersetzte Kirchenfassade wird restauriert.

6. Kreuzen Sie an, welche der folgenden Maßnahmen zur primären Einkommensverteilung gehören und welche zur sekundären Einkommensverteilung (auch Umverteilung genannt).

Maßnahmen	primäre Verteilung	sekundäre Verteilung
tarifliche Lohnerhöhung	☐	☐
Wohngeld	☐	☐
Ausbildungsförderung (BAföG)	☐	☐
Akkordgeld eines Arbeiters	☐	☐
Kindergeld	☐	☐
tarifliches Weihnachtsgeld	☐	☐
Arbeitnehmer-Sparzulage	☐	☐

4.11 Konjunktur und Wachstum

Das Grundgesetz verpflichtet den Staat, seine Haushaltspolitik so zu gestalten, dass möglichst ein gesamtwirtschaftliches Gleichgewicht erreicht wird. Einnahmen und Ausgaben sollten übereinstimmen! Hohe Arbeitslosigkeit in der Rezession oder eine hohe Inflationsrate im Boom können jedoch dieses Gleichgewicht stören und Ursache für Konjunkturschwankungen sein. Das Ziel, „stetiges und angemessenes Wirtschaftswachstum" erfordert daher eine möglichst gleichmäßige wirtschaftliche Entwicklung ohne starke konjunkturelle Schwankungen.

1. Der Konjunkturverlauf
   a) Erklären Sie den Begriff „Konjunkturzyklus".

   b) Das „Stabilitätsgesetz" verlangt vom Staat vor allem eine antizyklische Finanzpolitik. Erläutern Sie das antizyklische Verhalten des Staates in der Finanzpolitik.

   c) Nennen Sie Ursachen und Auswirkungen der Konjunkturphasen. Erläutern Sie, was einen Aufschwung (Expansion) und einen Abschwung (Rezession) jeweils kennzeichnet.

2. Konjunkturphasen und Konjunkturprogramme
   a) Zeigen Sie drei gesamtwirtschaftliche Merkmale (Indikatoren) auf, die auf eine Überwindung der konjunkturellen Talsohle hindeuten.

   –
   –
   –

   b) Nennen Sie zwei Maßnahmen, wie der Staat bei einer Wirtschaftsflaute (Rezession) entgegenwirken kann.

   –
   –

3. Welche Aufgabe hat das Bundeskartellamt?

4. Die soziale Marktwirtschaft beinhaltet sowohl soziale als auch freiheitliche Elemente. Ordnen Sie folgende Begriffe zu: Konsumfreiheit – Umverteilung von Einkommen – Sozialgesetzgebung – Wettbewerb – Gewerbe- und Investitionsfreiheit – Arbeitsschutzgesetzgebung – Privateigentum – Sozialbindung des Eigentums – Sicherung des Wettbewerbs – freie Berufs- und Arbeitsplatzwahl.

Soziale Elemente	freiheitliche Elemente
______	______
______	______
______	______
______	______
______	______
______	______

5. Nennen Sie drei Beispiele, wie der Staat die Bürger in der sozialen Marktwirtschaft bei ihrer eigenen Vorsorge unterstützt, z. B. zusätzliche private Altersvorsorge: „Riesterrente".

– ______

– ______

– ______

6. Die Wahl des Standorts ist bei der Gründung eines Wirtschaftsbetriebs eine wichtige Entscheidungsgröße. Nennen Sie drei Faktoren, die bei der Standortwahl eines Zimmereibetriebs von besonderer Bedeutung sind.

– ______

– ______

– ______

7. Beim Einkaufen (mit-)entscheidet der Verbraucher (Konsument) darüber, ob die Umwelt be- oder entlastet wird. Nennen Sie drei Beispiele für umweltbewusste Kaufentscheidungen.

– ______

– ______

– ______

8. Nennen Sie drei Maßnahmen des Staates zur Beeinflussung des Marktes, z. B. günstige Kredite durch die Kreditanstalt für Wiederaufbau (KfW) für Betriebsgründungen.

– ______

– ______

– ______

9. Steuern und Finanzen in der Bundesrepublik Deutschland:
Kreuzen Sie an, wer welche Steuereinnahmen erhält.

Steuerart	Bund	Länder	Gemeinden
Lohnsteuer	☐	☐	☐
Hundesteuer	☐	☐	☐
Mehrwertsteuer	☐	☐	☐
Jagdsteuer	☐	☐	☐
Mineralölsteuer	☐	☐	☐
Lotteriesteuer	☐	☐	☐

10. Die hochtechnisierte Wirtschaft Deutschlands ist als rohstoffarmes Land von Importen abhängig und gleichzeitig auf einen hohen Exportanteil angewiesen.

Nennen Sie jeweils drei Beispiele (Waren) für die Importabhängigkeit und die Exportnotwendigkeit.

Importabhängigkeit	Exportnotwendigkeit
______________________	______________________
______________________	______________________
______________________	______________________

11. Im Zusammenhang mit internationaler Wirtschaftspolitik hört man immer wieder von Organisationen wie OECD und WTO. Was versteht man unter diesen Abkürzungen? Welche Aufgaben haben diese Organisationen?

OECD: ____

____

____

____

____

WTO: ____

____

____

____

____

4.12 Globalisierung – Veränderung und Herausforderung

Ursprünglich meint „Globalisierung“ die internationale Verflechtung der Finanzmärkte: Das Geld fließt dorthin, wo die besten Gewinne winken. Erst in zweiter Linie findet die Globalisierung ihren Ausdruck in den Direktinvestitionen, also den Firmenkäufen oder -gründungen im Ausland.

In einem weiteren Sinn wird von Globalisierung gesprochen, wenn man ausdrücken will, dass es auf der Welt keine isolierten Gebiete oder Vorgänge mehr gibt. Ein Beispiel dafür kann der Ozonschwund in der Atmosphäre sein. Die möglichen Folgen treffen die Menschen auf der ganzen Welt. Durch erhöhte UV-Strahlung kann es zu Ernteeinbußen kommen. Jugendliche erfahren heute in vielen Bereichen sehr viel mehr von der Welt als frühere Generationen. Jugendliche sind heute im Urlaub viel häufiger im Ausland, als das noch vor einigen Jahren der Fall war. Die Ausweitung des Flugverkehrs hat diesen Trend ermöglicht. Durch diese Erlebnisse wird das Verständnis und Interesse für das Urlaubsland gefördert.

1. Welche Bereiche umfasst die Globalisierung?
   Sie umfasst: z. B. die Medien und die Internetkommunikation,
   z. B. den Tourismus.
   Nennen Sie weitere Beispiele.

   ____

   ____

   ____

2. Die „neue Marktwirtschaft“ breitet sich aus (Globalisierung). Die jeweils neue Handygeneration zeigt, wie der Markt sich beschleunigt. Neue Technologien wie Laptops und Play Stations sind Realität.
   Welche Auswirkungen hat diese technisch-wirtschaftliche Entwicklung auf das Firmenverhalten und in der Konsequenz auf die berufliche Qualifikation der Fachkräfte?

   a) auf das Firmenverhalten:

   ____

   ____

   ____

   ____

   ____

   ____

   b) auf die berufliche Qualifikation der Fachkräfte:

   ____

   ____

   ____

   ____

   ____

   ____

3. Durch die Internetnutzung wird die Information der Rohstoff der Zukunft. Nennen und erläutern Sie Vor- und Nachteile der Internetanwendung.

a) Vorteile:

____

____

____

____

____

b) Nachteile:

____

____

____

____

____

4. Was versteht man in Wirtschaft und Gesellschaft unter dem Begriff „Globalisierung" bzw. unter einer „Globalisierung der Märkte"?

____

____

____

____

____

____

____

____

____

5. Es gibt kaum Staaten mit reiner Marktwirtschaft, sondern Wirtschaftssysteme wie z. B. die soziale Marktwirtschaft der Bundesrepublik Deutschland mit planwirtschaftlichen oder staatlichen Elementen.

a) Welche Bereiche sind bei uns planwirtschaftlich bzw. staatlich geregelt?

____

____

____

____

____

b) Betriebe können erwerbswirtschaftlich oder gemeinwirtschaftlich orientiert sein. Beschreiben Sie den grundsätzlichen Unterschied.

erwerbswirtschaftlich:

gemeinwirtschaftlich:

6. Beschreiben Sie die Erscheinungsformen und Ursachen von Inflation und Deflation.

a) Inflation:

b) Deflation:

4.13 Friedenssicherung – Sicherheit und Frieden durch NATO und Bundeswehr

Trotz Ende des Ost-West-Konfliktes, des sogenannten „Kalten Krieges", können wir heute nicht von einer friedlichen Welt sprechen. Neue Konflikte und der Terrorismus bedrohen den Frieden wie in Somalia, Libyen, Syrien, Jemen, Ukraine usw. Wir brauchen deshalb nach wie vor wirksame internationale Organisationen und eine Zusammenarbeit zur Friedenssicherung.

1. Nennen Sie drei grundsätzliche Aufgaben der Bundeswehr.

   – ______________________________

   – ______________________________

   – ______________________________

2. Nennen Sie Ursachen, die zum Krieg führen können.

   ____

   ____

   ____

3. Seit Aussetzung (nicht Abschaffung) der Wehrpflicht 2011 gibt es den freiwilligen Wehrdienst und den Bundesfreiwilligendienst. Die Bundeswehr wurde in eine Berufsarmee umgewandelt.
   Nennen Sie drei Argumente für die Einführung der Berufsarmee.

   – ______________________________

   – ______________________________

   – ______________________________

4. In welcher Zeile sind die fünf Staaten, die einen ständigen Sitz (mit Vetorecht) im Sicherheitsrat der UNO haben, richtig genannt?

   ☐ USA, Russland, Großbritannien, Frankreich, Volksrepublik China
   ☐ USA, Russland, Großbritannien, Kanada, Volksrepublik China
   ☐ USA, Russland, Großbritannien, Frankreich, Spanien
   ☐ USA, Großbritannien, Spanien, Italien, Deutschland

5. Deutschland ist Mitglied internationaler politischer Organisationen. Erläutern Sie die folgenden Abkürzungen und die wesentliche Bedeutung der jeweiligen Organisation:

   UNO:

   ____

   ____

   EU:

   ____

   ____

NATO:

____

____

OSZE:

____

____

6. Welches Land ist **nicht** Mitglied der Nato?

☐ USA
☐ Kanada
☐ Portugal
☐ Schweden

7. Nennen Sie drei Voraussetzungen für den Einsatz von UN-Friedenstruppen.

____

____

____

8. In welcher Stadt tagt die Generalversammlung der Vereinten Nationen (UNO)?

☐ Paris
☐ London
☐ New York
☐ Brüssel

4.14 Entwicklungspolitik – Zusammenarbeit von Industriestaaten und Entwicklungsländern

Alle zwei Sekunden stirbt ein Kind – mehr als 30 000 jeden Tag und fast alle in der Dritten Welt. 800 Millionen Menschen hungern, vorwiegend in Afrika, Asien und Lateinamerika ...
Nur ca. 1 Milliarde von ca. 6 Milliarden Menschen leben in den Industrieländern. Sie produzieren aber über die Hälfte der Weltwirtschaftsleistung.

1. Was versteht man unter dem Nord-Süd-Konflikt?

____

____

____

2. Ordnen Sie die genannten Begriffe bzw. Stichworte den einzelnen Beispielen zu.

   Bilaterale Hilfe, Entwicklungsprojekte, Hilfe zur Selbsthilfe, Zugang zu den Märkten der Industrieländer, Analphabetentum, IWF, Kapitalflucht, Landflucht, Terms of Trade.

   Beispiele

   1. Dieses Entwicklungsprojekt soll speziell die Eigeninitiative der Menschen fördern. _______________
   2. Die EU senkt die Zölle für landwirtschaftliche Produkte aus der Dritten Welt. _______________
   3. Das ist die Entwicklungszusammenarbeit zwischen zwei Partnern. _______________
   4. Das Bundesministerium für wirtschaftliche Zusammenarbeit unterstützt z. B. Maßnahmen zur Verbesserung der Infrastruktur oder den Bau von Schulen in Ländern der Dritten Welt. _______________
   5. Diese Menschen können weder lesen noch schreiben. _______________
   6. Die Reichen in den Entwicklungsländern bringen ihr Geld ins Ausland. _______________
   7. So lautet die Abkürzung für den Internationalen Währungsfonds. _______________
   8. Dies ist der Fachbegriff (englisch) für Austauschrelationen im freien Handel. _______________
   9. Menschen ziehen in die Großstädte der Entwicklungsländer. _______________

3. Rasches Bevölkerungswachstum ist ein Kennzeichen eines Entwicklungslands.
   Die Bevölkerung wächst jährlich um mehr als 2 %. Ohne Sozialversicherungen sind die Eltern bei Krankheit oder im Alter von der Hilfe ihrer Kinder abhängig. Somit müssen die Ehepaare möglichst viele Kinder haben, um in Notsituationen gesichert zu sein.

   Nennen und erläutern Sie vier weitere Kennzeichen eines Entwicklungslands.

____

____

____

____

4.15 Nichtstaatliche Organisationen (NGOs)

Je lauter die offizielle „Politik" kritisiert wurde, desto mehr Bedeutung erhielten die sogenannten Non-governmental Organisations (NGOs). Eine besondere Rolle spielen NGOs in der Entwicklungspolitik, im Umweltschutz, bei Menschenrechten, Frauenfragen u. Ä.

1. Zu den bekanntesten nichtstaatlichen Organisationen, die sich dem globalen Umweltschutz verschrieben haben, gehört Greenpeace.

   a) Wie viele Mitglieder hat Greenpeace?

   ___

   b) Mit welchen Methoden „kämpft" Greenpeace?

   ___

   ___

   c) Nennen Sie vier Ziele von Greenpeace.

   – ___

   – ___

   – ___

   – ___

2. Eine weitere internationale überparteiliche, weltweit agierende Organisation ist amnesty international (ai).

   a) Wie viele Mitglieder hat ai?

   ___

   ___

   b) Welche Ziele/Aufgaben verfolgt ai?

   ___

   ___

   ___

   ___

4.16 Nachhaltige, zukunftsfähige Wirtschaftsweise

Wenn Güter quer durch Europa gefahren und bestimmte Produkte aus Übersee eingeflogen werden, stellen wir uns die Frage, wie wir umwelt- und menschenverträglich produzieren und transportieren können, wie wir nachhaltig und zukunftsfähig wirtschaften können.

1. Welche Wirtschaftsweise ist **nicht** zukunftsfähig (nachhaltig)?

   - ☐ Die Wirtschaftsweise ist nachhaltig, d. h., sie entnimmt der Umwelt nicht mehr an Rohstoffen, Wasser und Luft, als sie auf Dauer regenerieren oder neu hervorbringen kann.
   - ☐ Die Wirtschaft entwickelt sich hin zu umweltverträglichen Produkten und Produktionsweisen, die weniger Rohstoff und Energie verbrauchen.
   - ☐ Weil die Rohstoffreserven der Erde bald knapp werden, müssen die Industrieländer die Rohstoffe notfalls auch mit militärischen Mitteln unter ihre Kontrolle bringen.
   - ☐ Da vorwiegend beim Energie- und Rohstoffverbrauch rationalisiert wird, entstehen mehr Arbeitsplätze, die human gestaltet und gerecht verteilt werden.

2. Im Umweltschutz gibt es drei Verantwortungsprinzipien: Verursacherprinzip, Gemeinlastprinzip, Vorsorgeprinzip.
   Was versteht man darunter? Nennen Sie jeweils Anwendungsbeispiele.

   a) Verursacherprinzip:

   ____

   ____

   b) Gemeinlastprinzip:

   ____

   ____

   c) Vorsorgeprinzip:

   ____

   ____

3. Der Energiebedarf des Wohnens umfasst neben dem Energiebedarf des Hauses auch den Verbrauch für die Infrastrukturanbindung des Hauses. Dabei handelt es sich insbesondere um den Verbrauch im Verkehrsbereich, der benötigt wird, um Arbeitsplatz, Einkaufsstätten, Kindergarten, Schule oder Kultureinrichtungen etc. aufzusuchen.

   Welche Schlussfolgerungen lassen sich aus folgenden Vergleich ziehen?

   Der Bauherr eines Einfamilienhauses in Niedrigenergiebauweise hat einen jährlichen Heizenergieverbrauch von 7 500 kWh/Jahr. Dies entspricht ca. 750 l Heizöl. Er verbraucht jedoch für die Fahrt zur Arbeit von seinem neuen Wohnort (täglich 2 x 25 km) mit einem Mittelklassewagen 10 000 kWh/Jahr. Dies entspricht ca. 1 000 l Benzin.

   Schlussfolgerung:

   ____

   ____

   ____

   ____

   ____

   ____

   ____

   ____

   ____

   ____

4. Der Staat fördert die Solartechnik, z. B. Stromeinspeisevergütung durch Photovoltaik, mithilfe des Erneuerbare-Energien-Gesetzes (EEG). Dies nutzt der Umwelt und den nachfolgenden Generationen. Welchen Zweck verfolgt der Staat mit der Energieeinsparverordnung (EnEV vom 01.02.2002), die mehrmals novelliert bzw. deren Anforderungen erhöht wurden, u.a. am 01.01.2016, beim Neubau von Häusern bzw. bei der Sanierung des Gebäudebestands?

   ____

   ____

   ____

   ____

   ____

   ____

   ____

   ____

   ____

   ____

4.17 Geschäftsbriefe

Informationen von einer Institution oder Behörde, bestimmte Mitteilungen an eine Firma wie z. B. Einsprüche, Reklamationen und Lieferbedingungen sind schriftlich als Geschäftsbrief vorzunehmen. Hierbei kommt es nicht nur auf den Inhalt, sondern auch auf die Form an. Beides sagt etwas über den Absender aus. Der Geschäftsbrief sollte im Stil höflich, freundlich und in der Sache exakt und treffend formuliert sein.

1. Beispiel für einen Geschäftsbrief

   Verfassen Sie einen Geschäftsbrief zu folgendem Sachverhalt.

   Sie interessieren sich für ein Auslandspraktikum und möchten beim Zimmererverband Informationen über die Möglichkeiten des Auslandseinsatzes bekommen.
   Auch ist eine mögliche finanzielle Förderung interessant.

   Die Anfrage muss schriftlich formuliert werden an:

   Verbände des Bayerischen Zimmerer- und Holzbaugewerbes
   Postfach 40 20 64
   80720 München

2. Beispiel für Geschäftsbrief/Behördenbrief

   Schreiben Sie einen Brief an den Bürgermeister.

   Thema: Die Einrichtung eines Jugendtreffs/Jugendzentrums

   Das Freizeitangebot für Jugendliche in Musterhausen (ca. 22 000 Einwohner) ist gering. Eine Umfrage an verschiedenen Schulen zeigt, dass hier wirklich Bedarf besteht. Mehrere Jugendliche beschließen deshalb, sich aktiv für dieses Anliegen einzusetzen. Sie wollen sich an die dafür Verantwortlichen bei der Stadt (Bürgermeister, Stadträte) wenden und um die Einrichtung eines Jugendtreffs bitten.

   Übernehmen Sie die Aufgabe, dieses Anliegen schriftlich zu formulieren.

   Anschrift:
   Bürgermeister
   Stadt Musterhausen
   Königsplatz 12
   90600 Musterhausen

5 Anhang mit Übungsaufgaben

5.1 Allgemeine Aufgaben und Berechnungen

1. Erklären Sie, was unter dem Begriff „Arbeiten des Holzes" zu verstehen ist, und diskutieren Sie die daraus resultierenden Konsequenzen für den Zimmerer.

2. Erläutern Sie die drei Sortierklassen S 7, S 10, S 13 für Kanthölzer.
   Geben Sie mindestens fünf Sortiermerkmale an.

3. Bestimmen Sie, wie lang (in m) ein Kopfband bei einer Stuhlwand werden muss, wenn die Abstichlängen in Richtung Pfette und Pfosten 1,5 m (1,0 m; 2,0 m usw.) betragen? (Kopfrechen-Aufgabe!)

4. Sie haben beim Holzhändler 0,75 m^3 Kantholz mit einem Querschnitt von 10 cm/10 cm bestellt. Geben Sie an, wie viel lfdm Abbundholz Sie bearbeiten können. (Kopfrechen-Aufgabe!)

5. Wie viel m^2 Dachschalung (ohne Verschnitt) können Sie mit einem Bretterpaket von 1,0 m^3 und einer Brettabmessung von 10 cm Breite und 2,5 cm Dicke schalen? (Kopfrechen-Aufgabe!)

6. Beim Einschnitt eines Stammes mit einem Volumen von 1,0 m^3 muss mit einem Verschnitt von 24 % gerechnet werden. (Kopfrechen-Aufgabe!)
Geben Sie an, wie viel m^3 Nutzholz als Abbundholz genutzt werden kann.

7. Um welches Maß (in cm) schwindet die Pfette (Pfettenhöhe 24 cm) eines Dachstuhls, wenn mit einem durchschnittlichen Schwundmaß von 5 % gerechnet werden muss? (Kopfrechen-Aufgabe!)

8. 10 Bretter kosten 40,00 €. Wie teuer sind 7 Bretter? (Kopfrechen-Aufgabe!)

9. Erläutern Sie den „Lehrsatz des Pythagoras" und geben Sie ein Rechenbeispiel dazu an. Erklären Sie z. B., was Sie unter einer „Verreihung" verstehen.

10. Eine Wand soll mit Profilbrettern verkleidet werden. Bei einer Deckbreite von 120 mm je Brett werden 24 Bretter benötigt. Da Bretter mit der genannten Deckbreite nicht verfügbar sind, werden 30 schmalere Bretter verwendet. Berechnen Sie die Deckbreite der Bretter.

11. Zwei Zimmerer verlegen in drei Tagen bei achtstündiger täglicher Arbeitszeit 144 m^2 Fußboden. Nun sollen in vier Tagen bei neunstündiger täglicher Arbeitszeit 324 m^2 Fußboden verlegt werden. Bestimmen Sie die Anzahl der Zimmerer, die für die Arbeit benötigt werden.

12. Ein Zimmerergeselle erhält einen Monatslohn von 2 600,00 €. Geben Sie an, wie viel Euro ihm abgezogen werden, wenn für Lohnsteuer und Sozialabgaben insgesamt 42 % des Bruttolohns einbehalten werden.

13. Die Giebelwand eines Schuppens mit Pultdach soll verschalt werden.
Ermitteln Sie den Schalbretterbedarf (in m^2) für die Wand bei einer Wandhöhe an der Traufseite von 4,90 m, einer Firsthöhe von 5,80 m, einer Giebelbreite von 5,60 m und einem Verschnittsatz von 12 %.

14. Für die dargestellte symmetrische trapezförmige Fläche eines Raumes wurden 5,04 m² (Fertigmenge) an Fußbodendielen benötigt.
Errechnen Sie den Bedarf an Fußleisten (in m) für den Raum.

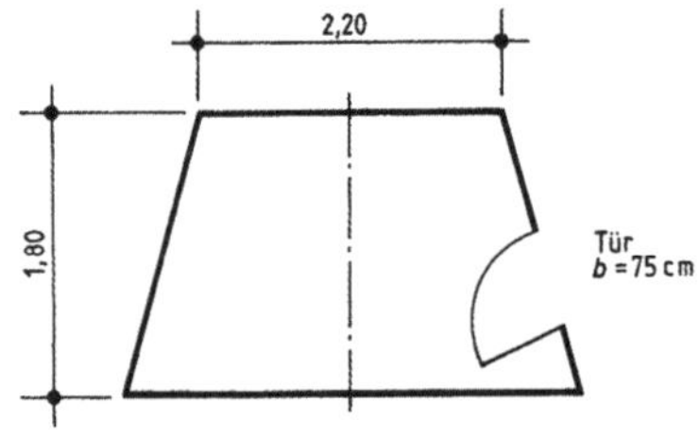

15. Zur Reparatur einer Balkenlage sind erforderlich:

Balken:	$b/h = 14/22$	4 Stück	4,25 m lang
Füllhölzer	$b/h = 12/16$	3 Stück	0,75 m lang
Bretter:	$d = 28$ mm	6 m²	

Der Preis pro m³ Bauholz (Balken und Bretter) wird mit 280,00 € angesetzt. Ermitteln Sie die Materialkosten (in €) für das Bauholz, wenn auf den Rechnungsbetrag noch 19 % Mehrwertsteuer aufgeschlagen werden.

16. Die skizzierte Giebelseite soll bis auf 40 cm (Sockel) über Geländeroberkante eine vorgehängte Holzfassade erhalten.
Ermitteln Sie
a) den Bedarf an Schalbrettern in m² für die Holzfassade bei einem Verschnittsatz von 12 %;
b) den Bedarf an Sockelfliesen in m² bei einem Verschnittsatz von 15 %.

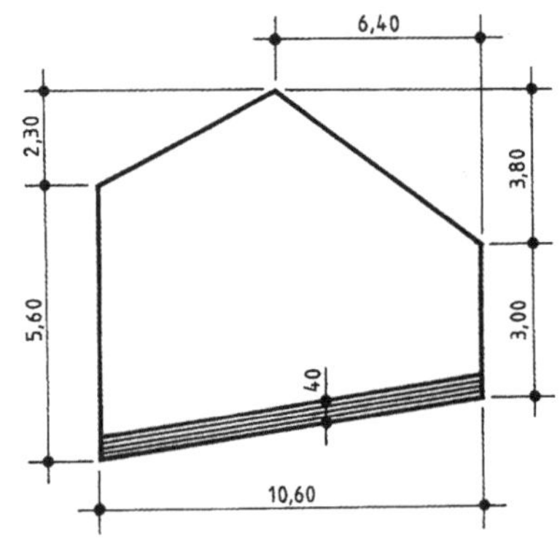

17. Berechnen Sie für den skizzierten Pfettendachstuhl:
a) die Anzahl n der Sparren bei einer Trauflänge von 13,85 m und einem Sparrenabstand von rd. 60 cm;
b) das Volumen des gesamten Bauholzes (Sparren, Pfetten, Schwellen) in m³.

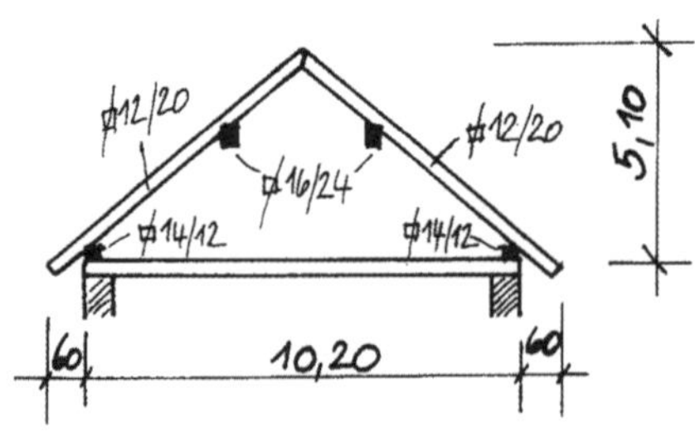

5.2 Holzbearbeitungsmaschinen

1. Erläutern Sie die wichtigsten stationären sowie nicht stationären Zimmereimaschinen.

2. Beschreiben Sie, welche Anforderungen der Maschinentisch einer stationären Holzbearbeitungsmaschine erfüllen muss.

3. Verdeutlichen Sie die Aufgabe des Motorschutzschalters und des FI-Schalters.

4. Definieren Sie den Begriff „Schnittgeschwindigkeit" und geben Sie sowohl die genaue Formel als auch die „Faustformel" zu ihrer Berechnung an.

5. Berechnen Sie die Schnittgeschwindigkeit in m/s bei einem Kreissägeblatt mit einem Durchmesser von 30 cm und einer Drehzahl von 4 500 min^{-1} nach der genauen Formel und nach der Faustformel.

6. Welchen Sägeblattdurchmesser in cm wählen Sie, wenn Sie eine Schnittgeschwindigkeit von 60 m/s erreichen wollen und die Drehzahl rd. 4 000 1/min betragen soll? (Kopfrechen-Aufgabe!)

7. Stellen Sie die unterschiedlichen Vorschubarten der Holzbearbeitungsmaschinen einander gegenüber.

8. Erklären Sie den Unterschied zwischen Gleichlauf und Gegenlauf in Bezug auf die Vorschubrichtung bei Holzbearbeitungsmaschinen, und geben Sie an, was beim Fräsen im Gleichlauf unbedingt zu beachten ist.

9. Nennen Sie mindestens fünf Vorteile einer CNC-gesteuerten Holzbearbeitungsmaschine gegenüber herkömmlichen Maschinen.

10. Erläutern Sie einige Maßnahmen, durch die Unfälle an Holzbearbeitungsmaschinen vermieden werden können.

11. Beschreiben Sie die Schutzvorrichtungen, mit denen eine Tischkreissägemaschine ausgestattet sein muss.

12. Eine Dickenhobelmaschine läuft mit einer Vorschubgeschwindigkeit von 8,5 m/min. Für eine Wandverkleidung sollen 374 m Bretter gehobelt werden. Die Bretter müssen viermal durchgelassen werden. Es werden immer zwei Bretter gleichzeitig gehobelt.
Ermitteln Sie den Zeitaufwand (Std., Min., Sek.) für die Hobelarbeit, wenn 15 % der reinen Hobelzeit für Nebenzeiten berücksichtigt werden müssen.

13. Beschreiben Sie die Hilfs- und Schutzeinrichtungen, die beim Arbeiten an der Bandsägemaschine griffbereit zur Verfügung stehen müssen.

14. Die Riemenscheibe am Motor einer Tischfräse hat einen Durchmesser von 280 mm, die Riemenscheibe an der Arbeitswelle einen Durchmesser von 120 mm. Der Motor hat eine Drehfrequenz von 2790 1/min. Es soll mit einer Schnittgeschwindigkeit von 70 m/s gearbeitet werden. Berechnen Sie den notwendigen Durchmesser in mm des Fräskopfs.

15. Der Wirkungsgrad einer Tischfräsmaschine ist mit 89 %, die Nennleistung mit 4,5 kW gegeben. Berechnen Sie die Wirkleistung (in KW) des Motors.

5.3 Dachtragwerke

1. Welche Aufgabe erfüllt der Kehlbalken bei einem Kehlbalkendach?

2. Worauf muss bei Auswechselungen im Gespärredach geachtet werden?

3. Weshalb dürfen bei Gespärredächern die Kniestöcke nicht gemauert werden?

4. Wie können Sparren gegen abhebende Sogkräfte gesichert werden?

5. Warum erfolgt bei einem Stirnversatz die Einschnittrichtung in der Winkelhalbierenden der zu verbindenden Hölzer?

Anhang mit Übungsaufgaben

6. Nennen Sie Längsverbindungen, die beim Pfettenstoß über der Stütze angewandt werden?

7. Wie groß darf bei dem gezeichneten Kopfbandanschluss die maximale Versatztiefe sein?

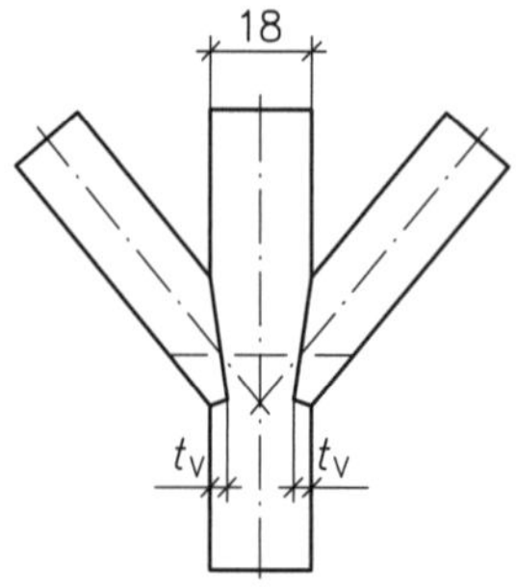

8. Die exzentrische Auflagerung des Sparrens auf der Pfette führt zu einem Verdrehen der Pfette. Durch welche konstruktiven Maßnahmen kann dies verhindert werden?
Erläutern Sie Ihre Antwort durch Skizzen.

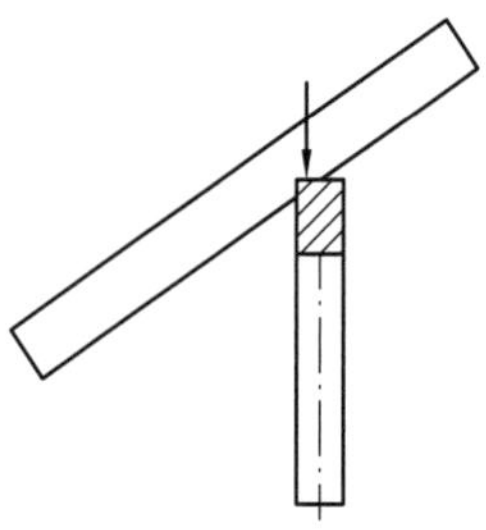

9. Warum erhalten Pfosten im Dachstuhlbau in der Regel einen quadratischen Querschnitt?

10. Wie werden die Pfettendachstühle in Querrichtung bzw. Längsrichtung ausgesteift?

In Querrichtung:

In Längsrichtung:

11. Ordnen Sie den folgenden Dachkonstruktioinen das gegebene Firstdetail zu.
A: 1-fach stehender Pfettendachstuhl
B: 3-fach stehender Pfettendachstuhl
C: Kehlbalkendach
D: Sparrendach

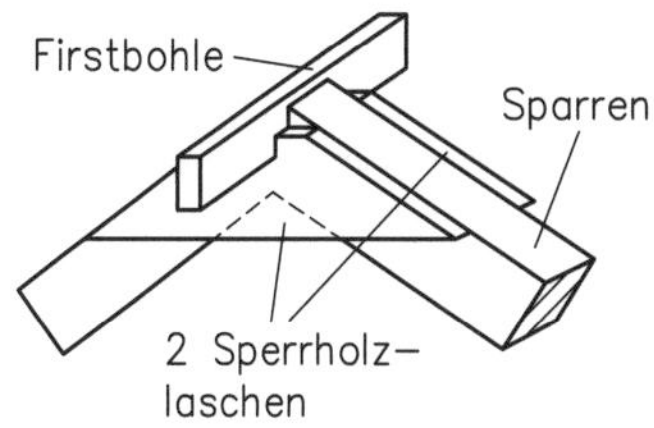

12. Ein Fußgängersteg soll für eine höhere Belastung ausgebaut werden, ohne dass die bestehenden Längsträger ausgewechselt werden müssen.
Ergänzen Sie die Skizze mit einem Lösungsvorschlag, und benennen Sie das gewählte Konstruktionsprinzip.

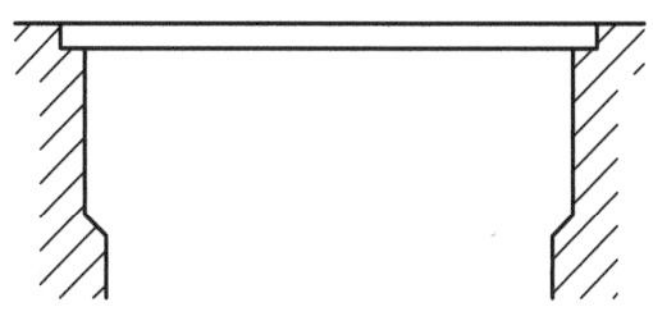

5.4 Festigkeitsberechnungen

1. Verdeutlichen Sie, wovon die Mindestnagelabstände bei Nagelverbindungen nach DIN EN 1995-1-1 Eurocode 5 abhängen.

2. 1,5 m^3 Abbundholz mit einer Dichte von 0,6 kg/dm^3 sollen zur Baustelle gefahren werden. Bestimmen Sie, ob Sie das Holz mit einem Kleintransporter (max. Zuladung: 0,9 t) transportieren dürfen. (Kopfrechen-Aufgabe!)

3. Sie wollen die Dichte des vorhandenen Abbundholzes bestimmen und haben dazu ein Stück Holz mit folgenden Abmessungen (l = 50 cm; b = 10 cm; h = 20 cm). Beim Wiegen des Holzstücks zeigt die Waage 6 kg an. Bestimmen Sie die Dichte (in kg/m^3) des Holzes. (Kopfrechen-Aufgabe!)

4. Ermitteln Sie für den gegebenen Träger mit Kragarm die Auflagerkräfte F_A und F_B in kN.

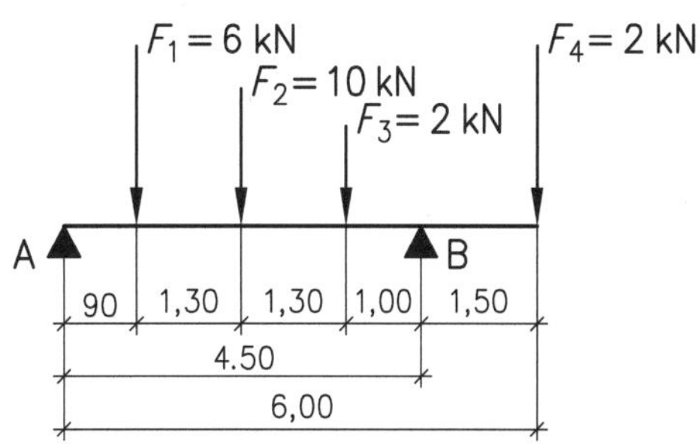

Anhang mit Übungsaufgaben

5.5 Abbund/Schiftungen

1. Beschreiben Sie unterschiedliche Möglichkeiten, Abbund- bzw. Schiftarbeiten durchzuführen.

2. Sie sollen einen Winkel von 30° antragen.
Erläutern Sie zwei Möglichkeiten des Winkelaufrisses.

a)

b)

3. Bei einem Dachprofil ist das Grundmaß genauso lang wie die Dachhöhe.
(z. B. $g = 4$ m; $h = 4$ m). (Kopfrechen-Aufgabe!)

a) Welche Dachneigung hat das Dach,
b) wie groß ist der tangens-Wert für die Ermittlung der Dachneigung,
c) wie lang ist die Neigungslänge (Sparrenlänge),
d) wie groß ist die Neigung bzw. das Gefälle des Daches in %?

a) b)

c) d)

4. Geben Sie an, nach welcher Faustformel überschlägig die Balkenhöhe bei einer Holzbalkenlage ermittelt wird. Berechnen Sie nach dieser Faustformel die Mindestbalkenhöhe in cm einer Balkenlage mit einer Stützweite von 4,50 m. Geben Sie den Balkenquerschnitt der Balken ($b = 10$ cm) an. (Kopfrechen-Aufgabe!)

5. Ermitteln Sie beim dargestellten Sparrenprofil die angegebenen fehlenden Abbundmaße:

a) die Sparrenlänge l;
b) die Abbundmaße l_1 und l_2;
c) das senkrechte Obholz O_S;
d) das waagerechte Obholz O_W.

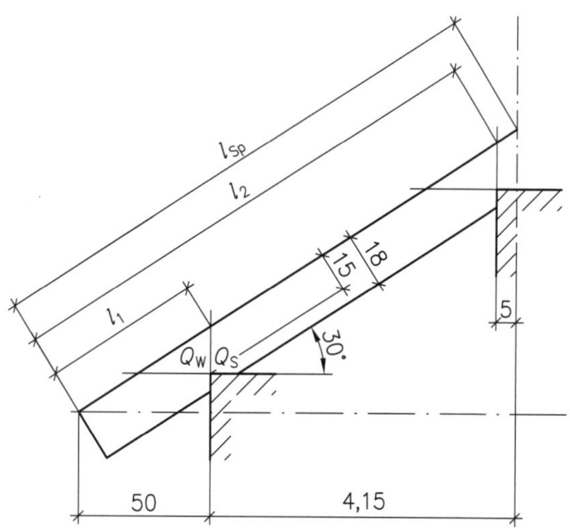

6. Berechnen Sie für den dargestellten Firstknotenpunkt eines Pfettendachs die Abbundmaße l_1 und h_1.

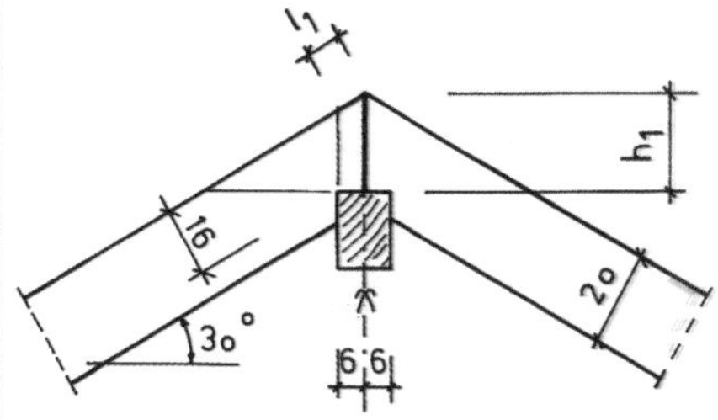

7. Berechnen Sie beim dargestellten Traufpunkt eines Pfettendachs mit sichtbaren, profilierten Balkenköpfen und oberseitiger Nut- und Federschalung (24 mm)

a) die Länge l (in cm) und
b) die Anfallshöhe h (cm) des Aufschieblings.

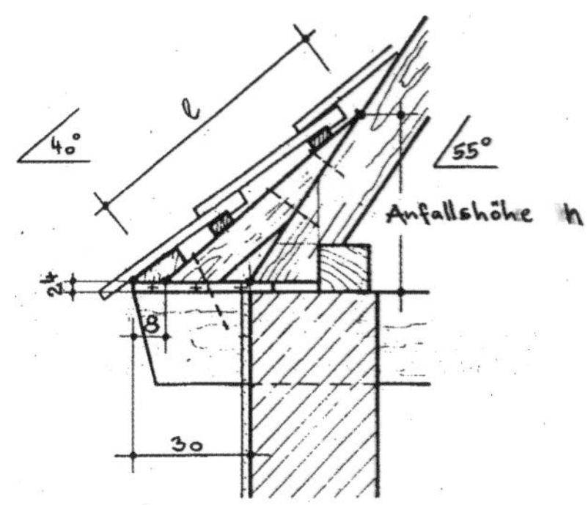

8. Ermitteln Sie beim gleichgeneigten Walmdach mit Anbau (40°)

a) die Firsthöhe in m des Hauptdaches h_D,
b) die Firsthöhe in m vom Anbau h_A,
c) die Neigungslänge in m vom Hauptdach l_H,
d) die Neigungslänge in m vom Anbaudach l_A,
e) die Neigungslänge in m der Kehle l_K,
f) die gesamte Dachfläche in m² für Haupt- und Anbaudach.

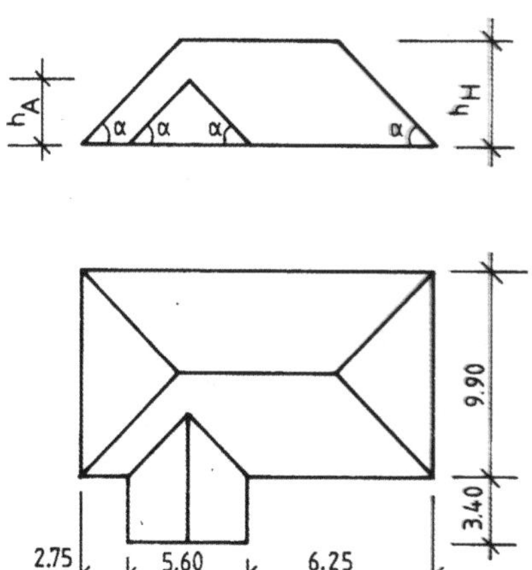

9. Für das Abbinden eines Pfettendachstuhls wurden am Bauort die folgenden Maße gemessen: halbe Haustiefe: 4,95 m; Dachüberstand an der Traufe: 0,50 m; Höhe des Firstes ab Oberkante Dachgeschossfußboden: 3,50 m.

Ermitteln Sie
a) die Dachneigung in °,
b) die Firsthöhe in m.

(Annahme: Die Unterseite des Sparrens soll am Schnittpunkt Mauerkante und Oberkante Dachgeschossfußboden (Punkt A) anliegen.)

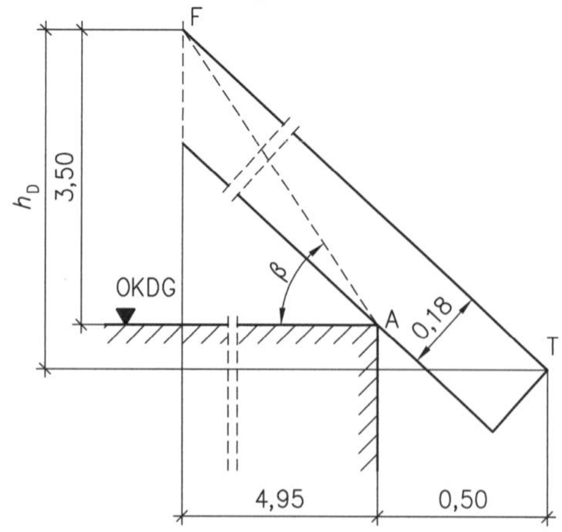

10. Berechnen Sie für das Walmdach mit gleichgeneigten Dachflächen.

a) das Austeilungsmaß e in cm,
b) die Schifterneigungslänge l_{N3} (längste Kante) in m,
c) die Neigungslänge des Mittelschifters L_{N4} (Achsmaß) in m,
d) den Winkel der Backenschmiege in °.

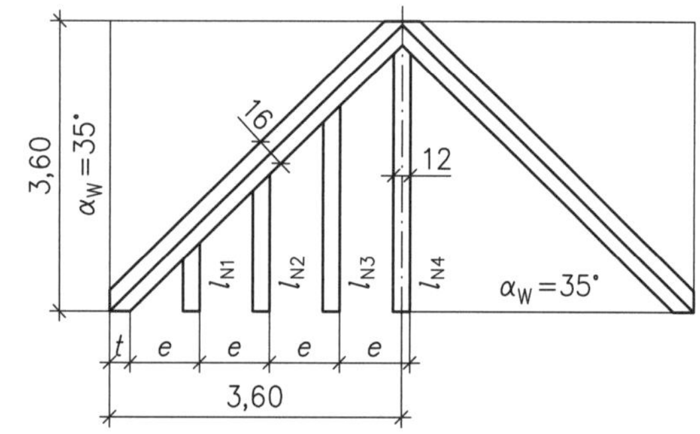

11. Bestimmen Sie für den Gratsparren eines gleichgeneigten Walmdachs die erforderlichen Abbundmaße.

Errechnen Sie
a) die Länge der Gratlinie l_G in m,
b) die Abstände der Senkelrisse l_1 und l_2 in cm,
c) das Abgratungsmaß a in cm.

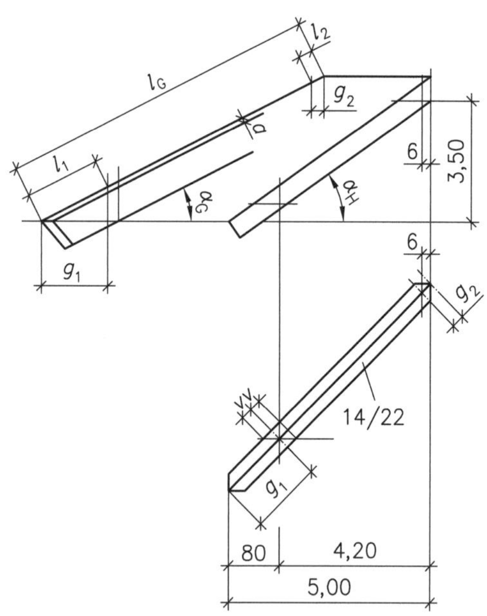

12. Bei einem Walmdach mit gleicher Dachneigung wurde der Holzquerschnitt der Schifter von 7/8 cm auf 8/10 cm abgeändert.
Das Maß 0,491 m auf dem vorliegenden Plan muss somit neu ermittelt werden.

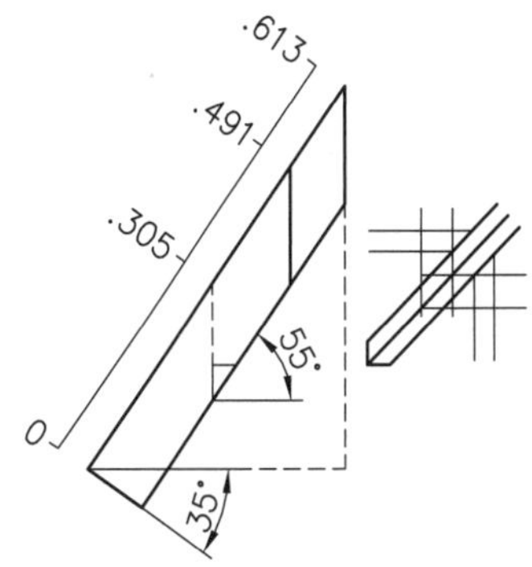

13. Bei einem Walmdach mit ungleichen Dachneigungen beträgt der Dachvorsprung umlaufend 1,00 m. Bestimmen Sie um wie viel cm die Fußpfette der Walmseite höher liegt als die der Hauptdachseite.

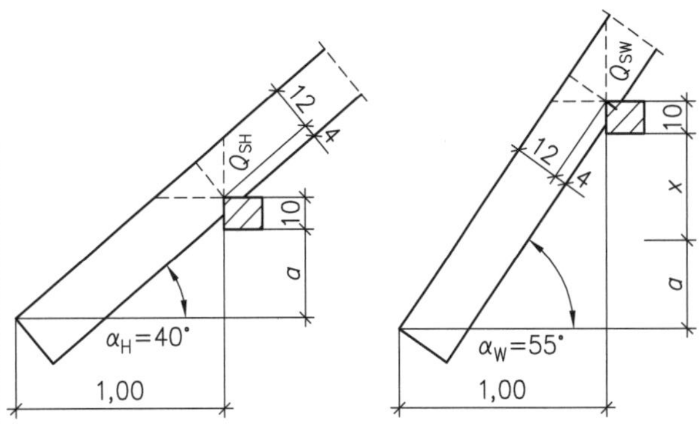

14. Ermitteln Sie anhand der vorgegeben Angaben für den dargestellten Kehlsparren die Kehlsparrenhöhe (h_K) und wählen Sie den Kehlsparrenquerschnitt.

Angaben: Kehlsparren gleichgeneigt; $b_{Kehlsparren}$ 12 cm; $g_{HD} = g_{AD}$ = 3,5 m; Grundwinkel 90°; h_D = 3,00 m; Sparren/Schifter 10/18 cm;
Unterkante Schifter = (bündig) Unterkante Kehlsparren

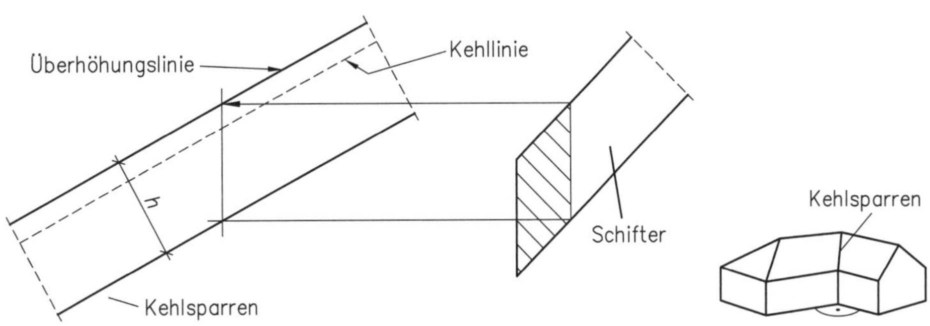

5.6 Treppenbau

1. Eine gerade Treppe hat 16 Steigungen. Ein Auftritt beträgt 28 cm. Ermitteln Sie die Länge in m der Lauflinie (Gehlinie) der Treppe. (Kopfrechen-Aufgabe!)

2. Im Treppenbau kann überschlägig die Wangenhöhe nach der Formel:
$h_W : l > 1 : 20$ (h_W = Wangenhöhe; l = Wangenlänge) bestimmt werden.
Bestimmen Sie die Höhe der Freiwange in m einer geraden Treppe mit einer Wangenlänge von l = 5,00 m. (Kopfrechen-Aufgabe!)

3. Für eine Geschosstreppe wurden am Bau folgende Maße genommen:
Geschosshöhe = 2,625 m
Treppengrund = 3,750 m

   Berechnen Sie:
   a) die Anzahl der Steigungen,
   b) die genaue Steigungshöhe in mm,
   c) die Lauflänge in m bei x = 110 mm,
   d) die Auftrittbreite in mm,
   e) die Stufenbreite in mm bei u = 45 mm,
   f) die Wangenlänge in m ohne Zugabe.

4. Die Geschosshöhe für eine gerade Treppe beträgt 2,58 m, der Treppengrund kann beliebig gewählt werden.

   Berechnen Sie für diese Treppe:
   a) die Anzahl der Steigungen,
   b) die genaue Steigungshöhe in mm,
   c) die Auftrittbreite in mm,
   d) die Lauflänge in m,
   e) den Treppengrund in m bei x = 120 mm,
   f) die Stufenbreite in mm bei u = 50 mm,
   g) die Wangenlänge in m ohne Längenzugabe.

5. Für eine viertelgewendelte, 0,90 m breite Treppe wurden am Bau folgende Maße genommen: Geschosshöhe = 2,67 m; Treppengrund 1 = 2,10 m; Treppengrund 2 = 2,94 m.

Berechnen Sie:

a) die Lauflänge in m bei einem Krümmlingsradius von 160 mm. Die Vorderkante der Austrittstufe liegt 70 mm vor der Wechselvorderkante, das Wangenbesteck am Antritt beträgt 40 mm. Die Gehlinie verläuft in der Treppenmitte.
b) die Anzahl der Steigungen.
c) die Steigungshöhe in mm.
d) die Auftrittbreite in mm auf der Gehlinie. Die Gehlinie verläuft in der Mitte des Treppenlaufs.

6. Die Geschosshöhe für eine viertelgewendelte Treppe ist mit 2,625 m gegeben, der Treppengrund 2 beträgt 3,05 m, der Treppengrund 1 kann beliebig gewählt werden.

Berechnen Sie:

a) die Anzahl der Steigungen,
b) die genaue Steigungshöhe in mm,
c) die Auftrittbreite in mm auf der Gehlinie,
d) die Lauflänge in m auf der Gehlinie,
e) den Treppengrund 1 in m.

Die Treppe hat eine Außenbreite von 1 m, der Krümmlingsradius beträgt 180 mm, die Gehlinie befindet sich in der Mittel des Treppenlaufs. Die Vorderkante des Austritts liegt 70 mm von der Wechselvorderkante, und das Wangenbesteck am Antritt beträgt 40 mm.

7. Berechnen Sie für die dargestellte gerade Treppe:

   a) die Anzahl der Steigungen n_{St},
   b) die genaue Steigungshöhe s in mm,
   c) die genaue Auftrittbreite a in mm,
   d) die genaue Stufenbreite b in mm,
   e) Überprüfen Sie das Steigungsverhältnis mithilfe der Schrittmaßregel.

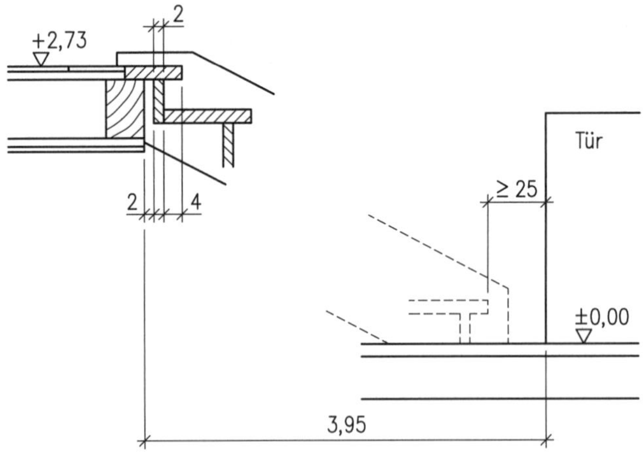

8. Berechnen Sie für die unten stehende gerade Stockwerkstreppe:

   a) die Anzahl der Steigungen n_{St},
   b) die genaue Steigungshöhe s in mm,
   c) die genaue Auftrittbreite a in mm,
   d) die genaue Stufenbreite b in mm.

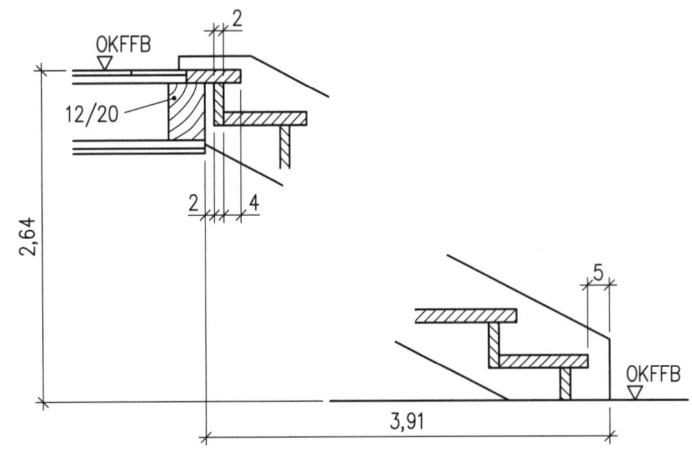

9. Die in der Zeichnung dargestellte Treppe hat 15 Steigungen. Die Lauflänge der Treppe ist mit l = 3,85 m gegeben.

   Berechnen Sie:
   a) die Auftrittbreite a in mm,
   b) die Steigungshöhe s in mm,
   c) den Neigungswinkel der Treppe,
   d) die Länge der Treppenlochöffnung l_T in m, wenn die Durchgangshöhe winkelrecht zur Verbindungslinie der Trittstufenvorderkanten 1,90 m betragen soll.

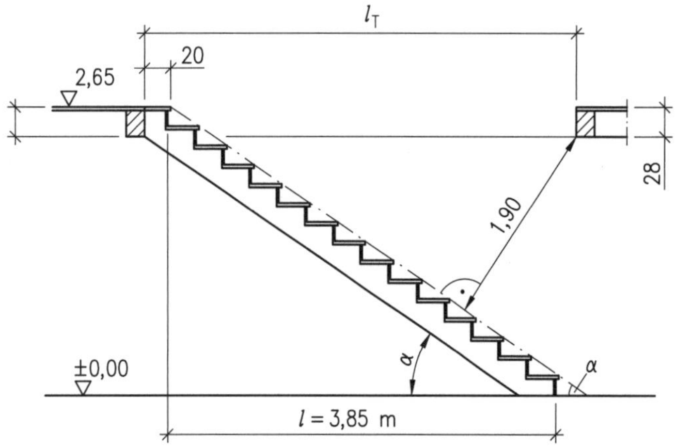

10. Berechnen Sie mithilfe der gegebenen Maßskizze für eine viertelgewendelte Treppe mit 15 Steigungen:

    a) die Geschosshöhe bei einer Steigungshöhe von 182 mm,
    b) die Auftrittbreite (Normalschrittlänge 630 mm),
    c) die Lauflänge (Länge der Gehlinie),
    d) das Maß für den Treppengrund 1 (l_{G1}).

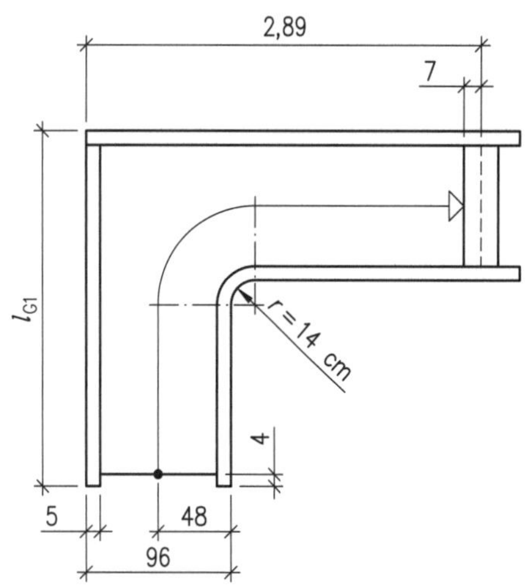

11. In einem Einfamilienhaus mit einer Geschosshöhe von 2,85 m soll eine Treppe (siehe Skizze) eingebaut werden.

Berechnen Sie:

a) die Anzahl der Steigungen n_{St},
b) die Steigungshöhe s in mm,
c) die Auftrittbreite a in mm,
d) die Lauflänge l in m,
e) die Teillauflänge l_3 in m,
f) das Treppengrundmaß l_{G2} in m,
g) die Auftrittbreiten der zu verziehenden Stufen an der Freiwange, die Stufen 2–8 werden verzogen.

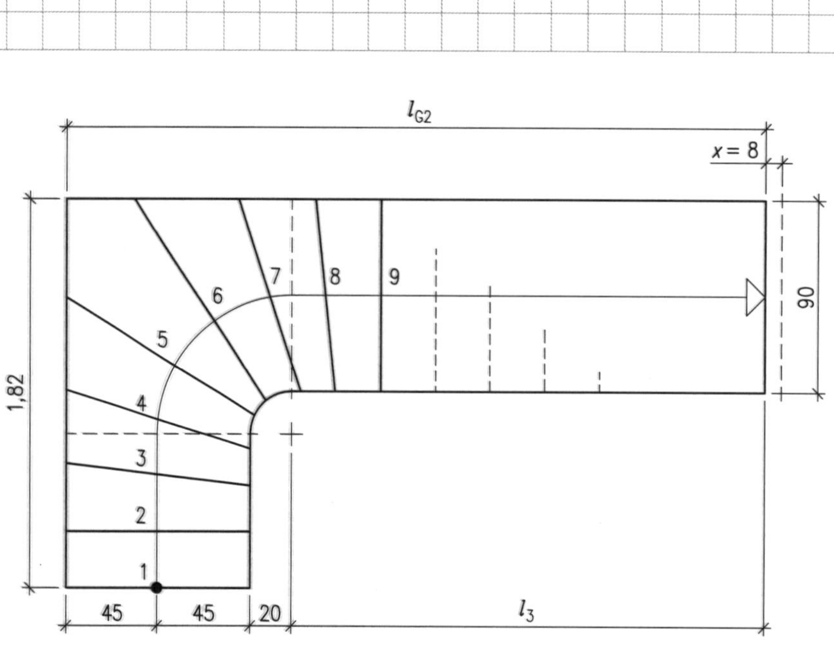

12. Die im Grundriss dargestellte Holztreppe hat 16 Steigungen. Die Geschosshöhe beträgt 2,75 m. Die Stufen 3 mit 15 sollen verzogen werden.

Berechnen Sie:

a) die Steigungshöhe in mm,

b) die Auftrittbreite in mm,

c) die Auftrittbreiten *a'* in mm der zu verziehenden Stufen 3 bis einschließlich Stufe 15 an der Freiwange.

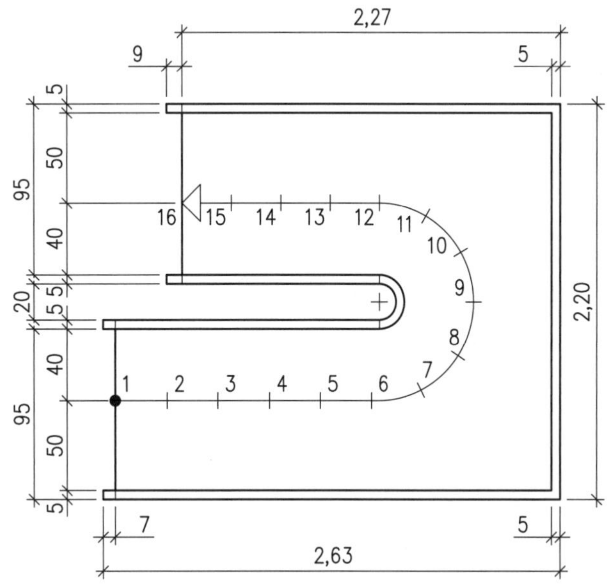

13. Berechnen Sie für die dargestellte Treppenstufe:

a) den Flächeninhalt in m^2;

b) die Stufenbreite *b* in cm.

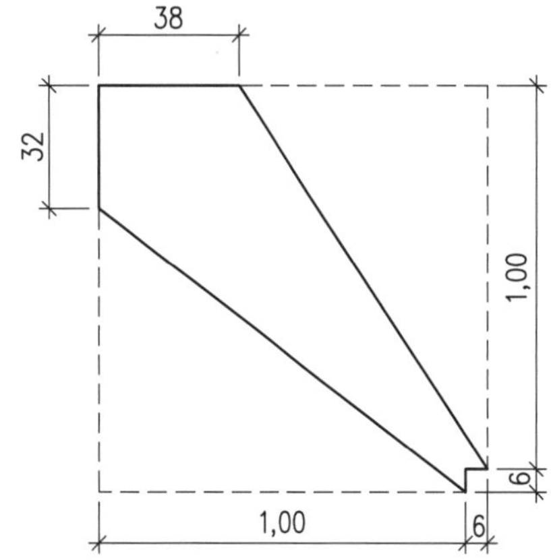

5.7 Lohnberechnungen

1. Ein Zimmerer hat einen tariflichen Stundenlohn von 17,50 €/Std. Er arbeitet in einem Monat 185 Stunden, wovon 12 Stunden als Überstunden anzusehen sind, wobei 4 Überstunden als Nachtarbeit angefallen sind. Zuschläge: Überstunden 25 %; Nachtarbeit 20 %; Abzüge: Lohnsteuer 540,40 €; Sozialversicherungen: 19,75 % des Bruttolohns; Kirchensteuer: 8 % der Lohnsteuer.

   Berechnen Sie:
   a) den Gesamtbruttolohn in €/Monat,
   b) den Nettolohn in €/Monat,
   c) die Gesamtabzüge in % des Bruttolohns.

2. Zwei Spezialbaufacharbeiter mit einem Stundlohn von 17,50 € bringen 160 m Dachlatten an. Der Vorgabewert beträgt 0,16 Std/m.

   Ermitteln Sie:
   a) den Bruttoleistungslohn (in €) eines jeden;
   b) den Leistungslohn Euro pro Std. für jeden, wenn jeder 11 Stunden gearbeitet hat;
   c) wie viel Prozent ist der Verdienst im Leistungslohn höher ist als im Zeitlohn.

3. Eine Leistungslohngruppe bestehend aus: 1 Vorarbeiter: Stundenlohn = 19,25 €/Std.; 1 Geselle: Stundenlohn 17,50 €/Std.; 2 Bauwerker: Stundenlohn 14,50 €/Std. übernimmt den Abbund von 413 m Balkenlänge zu 6,50 €/m.

   Bestimmen Sie:
   a) den Gesamtleistungslohn (in €) der Gruppe,
   b) den Bruttoleistungslohn (in €) jedes Einzelnen,
   c) den Nettoleistungslohn (in €) eines Gesellen, wenn für Steuer und weitere Abgaben 41 % des Bruttolohns einbehalten werden.

4. Eine Leistungslohngruppe bestehend aus 3 Facharbeitern (Tariflohn: 17,50 €/Std.) schalt die Untersicht von 18 geraden Treppenläufen ($b = 1{,}20$ m). Die Podestflächen wurden bereits abgerechnet. Für 1 m² Treppenschalung werden Ihnen nach dem Leistungslohntarif 1,9 Std. verrechnet.

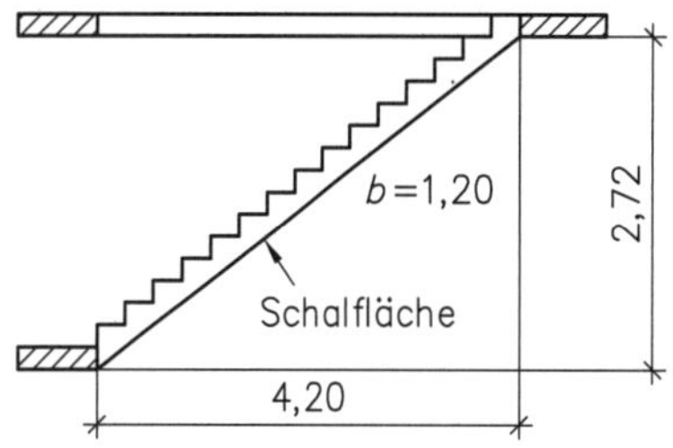

Berechnen Sie:

a) den Gesamtleistungslohn (in €) der Gruppe,
b) den Stundenlohn (in €/Std.) eines Zimmerers, wenn die Treppenläufe in 41 Std. geschalt wurden,
c) den Überschuss zum tariflichen Stundenlohn in %,
d) den Nettoleistungslohn (in €) eines Zimmerers, wenn für Steuer und weitere Abgaben 41 % des Bruttolohnes einbehalten werden.

5.8 Arbeitssicherheit und Umweltschutz

1. Beschreiben Sie, durch welche Maßnahmen Unfälle an Holzbearbeitungsmaschinen vermieden werden können.

2. Mit welchen Schutzvorrichtungen muss eine Tischkreissägemaschine ausgestattet sein?

3. Erläutern Sie die Aufgaben des Spaltkeils, und geben Sie an, wie der Spaltkeil in seiner Lage zum Sägeblatt befestigt werden muss.

4. Stellen Sie klar, welche Hilfs- und Schutzvorrichtungen beim Arbeiten an der Bandsägemaschine griffbereit zur Verfügung stehen sollen.

–

–

–

–

5. Warum muss der Zahngrund bei Bandsägeblättern rund ausgefeilt sein?

____

____

6. Welche Arbeitsvorrichtung ist beim Hochkantschneiden von Brettern auf der Bandsägemaschine erforderlich?

____

7. Geben Sie die zur Abrichthobelmaschine gehörenden Vorrichtungen an und erläutern Sie den jeweiligen Verwendungszweck.

- ____
- ____
- ____
- ____

8. Erläutern Sie den Unterschied zwischen einem Arbeitsgerüst und einem Schutzgerüst.

Arbeitsgerüst: ____

____

____

Schutzgerüst: ____

____

____

9. Bei der Montage eines Holzhauses fallen Fassadenarbeiten an, ein Arbeitsgerüst muss aufgestellt werden.
   a) Beschreiben Sie vier Anforderungen, die an ein Gerüst gestellt werden.
   b) Legen Sie dar, wie Sie diese Anforderungen in der Praxis umsetzen.

a) Anforderungen:	b) praktische Umsetzung:
– ____________	– ____________
– ____________	– ____________
– ____________	– ____________
– ____________	– ____________

10. Bei der Ausführung des Seitenschutzes sind bestimmte Vorschriften einzuhalten.
    a) Benennen Sie die einzelnen Teile des Seitenschutzes mit den Fachbegriffen.
    b) Geben Sie die für die Abstände des Seitenschutzes vorgeschriebenen Abstände/Maße an.

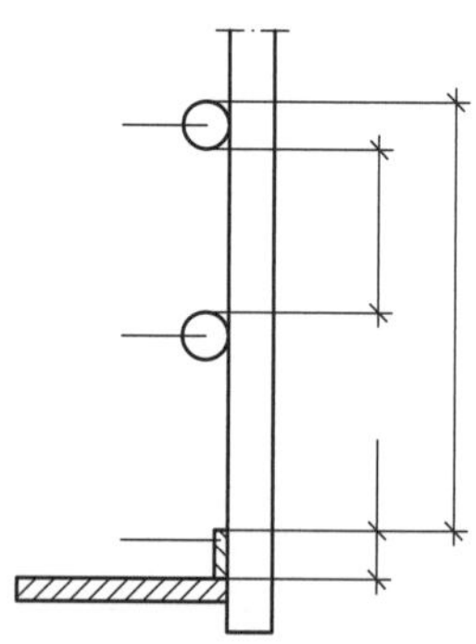

____

____

____

____

____

11. Verdeutlichen Sie, warum und ab welchem Abstand in cm zwischen Gerüst und Gebäude auch an der Innenseite des Gerüsts ein Seitenschutz erforderlich wird?
Tragen Sie die Maßzeile in die Zeichnung ein.

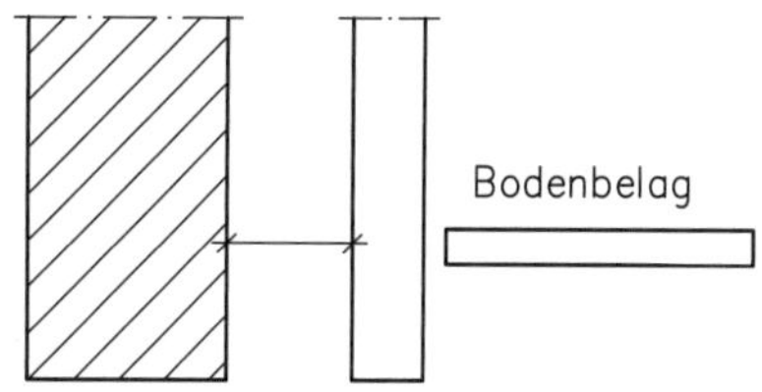

12. Jedes aufgestellte Arbeitsgerüst muss gekennzeichnet sein, damit der Benutzer die Eignung für die auszuführenden Arbeiten kontrollieren kann.

Erklären Sie die Informationen, die der Kennzeichnung zu entnehmen sind.

–

–

–

13. Nennen Sie vier Regeln, die beim Gebrauch von Leitern beachtet werden müssen.

1.

2.

3.

4.